南水北调与汉江生态

区域生态经济协调发展与政策研究

余淑秀 著

SOUTH-TO-NORTH WATER DIVERSION AND
THE HANJIANG RIVER ECOLOGY

ZHEJIANG UNIVERSITY PRESS
浙江大学出版社
·杭州·

图书在版编目(CIP)数据

南水北调与汉江生态:区域生态经济协调发展与政
策研究/余淑秀著. —杭州:浙江大学出版社,2023.5
ISBN 978-7-308-23683-6

Ⅰ.①南… Ⅱ.①余… Ⅲ.①南水北调－水利工程－
关系－汉水－流域－生态经济－经济发展－研究 Ⅳ.
①TV68②F127.6

中国国家版本馆 CIP 数据核字(2023)第 067740 号

南水北调与汉江生态 区域生态经济协调发展与政策研究
NANSHUIBEIDIAO YU HANJIANG SHENGTAI
QUYU SHENGTAI JINGJI XIETIAO FAZHAN YU ZHENGCE YANJIU

余淑秀 著

策划编辑	吴伟伟	
责任编辑	丁沛岚	
责任校对	陈 翩	
封面设计	雷建军	
出版发行	浙江大学出版社	
	(杭州市天目山路 148 号 邮政编码 310007)	
	(网址:http://www.zjupress.com)	
排 版	杭州星云光电图文制作有限公司	
印 刷	杭州高腾印务有限公司	
开 本	710mm×1000mm 1/16	
印 张	13	
字 数	210 千	
版 印 次	2023 年 5 月第 1 版 2023 年 5 月第 1 次印刷	
书 号	ISBN 978-7-308-23683-6	
定 价	68.00 元	

前　言

　　南水北调中线工程于 2003 年 12 月动工,历经十余载,于 2014 年 12 月正式通水。其间,水源区开展了移民搬迁、生态修复与水质监控等一系列支持工程,保障了"一库清水永续北送"和水源区生态经济不受破坏双重重大战略目标的实现。通水后,水源区利用受水区对口协作政策开展经济建设和水源保护,取得了累累硕果,但同时也面临着协调生态经济关系的更大挑战。为进一步支持水源区融入长江经济带协同发展,践行落实"共抓大保护,不搞大开发"重大方针政策,2018 年 11 月,国务院正式批复《汉江生态经济带发展规划》,将包括南水北调中线工程水源区十堰市在内的汉江流域 3 省 17 市纳入发展规划,与南水北调中线工程建设规划形成一脉相承的紧密联系。汉江生态经济带沿线既是制造业老工业基地,又是重要生态保护区,同时肩负生态保护和制造业经济发展双重重任。对于如何在发展区域制造业经济的同时保护好、利用好水资源,促进区域生态经济协调发展,实施有效的生态经济政策,激发区域发展新动能,本书力求给出参考建议。

　　本书以区域经济学与可持续发展经济学为理论支撑,以南水北调中线工程水源区与汉江生态经济带为研究区域,开展理论指导实践研究。全书分为三篇:综述篇、南水北调篇和汉江生态篇。综述篇以从南水北调中线工程建设到汉江生态经济带发展规划的提出为背景,运用数据统计与分析技术手段,梳理南水北调中线工程沿线省市(包括水源区和受水区)水资源、水环境的历年情况,以及汉江生态经济带沿线 17 市的水资源、水环境情况,以此为基础,依时间轴推进,将南水北调中线工程水源区发展研究融入汉江生态经济带整体规划研究,并细分为南水北调篇和汉江生态篇,按照统一模式,分别研究了南水北调中线工程水源区和汉江生态经济带的生态保护与经济发展协调问题、生态经济政策效果评价问题,最后提出对策建议。

　　本书以地方经验探索支持国家整体生态建设目标推进,为重点水资源保护区研究提供丰富的资料积累。本书有以下三点特色:研究视角上,以南水北调与汉江生态一脉相承的紧密联系作为研究长江大保护问题的切入点,结合经典经济学理论,研究区域生态经济协调发展问题,具有学术创新性;研究方案上,选择既具有一脉相承关系又具有典型特色的两个区域作为研究对象,运用不同评价方法测度研究区的协调发展程度,又运用统一方法模拟政策效果,在对比中统一,在统一中对比,体现研究的整体性和多样性,实现对南水北调与汉江生态一脉相承关系研究的理论支撑;研究方法上,综合、灵活运用交叉学科理论和方法,从多个角度对研究区域的生态经济协调状况进行评价,使研究结论更具可靠性,同时尝试采用仿真模拟技术解决政策量化及时滞问题,为政策研究提供有针对性的理论和实证依据。

　　本书在写作和出版过程中,得到了西北大学卢山冰教授、湖北汽车工业学院钱洁教授和殷旅江教授等专家,以及湖北汽车工业学院邹玲丽、彭广珍、杨福龙、杨军、陈佳怡、张倩、邹乾坤、刘勋、刘安宁、李懿程、张宇翔、陈旭等优秀学生的大力支持。此外,本书获得了湖北省哲学社科基金项目(2016174)、湖北省教育厅人文社科基金项目(20Y110)、湖北汽车工业学院博士科研启动基金项目(BK202101)、湖北汽车工业学院学术专著出版专项资助。在此表示衷心感谢!

余淑秀

2022 年 6 月于湖北汽车工业学院

目　录

综述篇

南水北调篇

汉江生态篇

综述篇

第一章 南水北调中线工程建设到汉江生态经济带提出

第一节 南水北调中线工程建设历史

一、工程概况

中国淡水资源总量为 2.8 万亿立方米,占全球水资源的 6％,仅次于巴西、俄罗斯、加拿大、美国和印度尼西亚,居世界第六位,但人均只有 2200 立方米,仅为世界平均水平的 1/4、美国的 1/5,属于缺水严重的国家。受气候和地形影响,我国淡水资源的地区分布极不均匀,大量淡水资源集中在南方,北方淡水资源只有南方淡水资源的 1/4。[①]

早在 1952 年,毛泽东同志在视察黄河时就指出:"南方水多,北方水少,如有可能,借一点来是可以的。"[②]这是他第一次提出南水北调设想。经过几十年的研究,我国形成了南水北调的总体格局:分别从长江上、中、下游调水,以适应西北、华北地区经济社会发展的需要,即南水北调西线工程、南水北调中线工程和南水北调东线工程。

南水北调中线工程,从位于长江的最大支流汉江的中上游的丹江口水库调水,水源主要来自汉江,在丹江口水库东岸河南省淅川县境内的工程渠首开挖干渠,经长江流域与淮河流域的分水岭方城垭口,沿华北平原中西部

[①] 数据来自中华人民共和国中央人民政府官网。

[②] 中共中央文献研究室.毛泽东年谱(1949—1776)(第一卷)[M].北京:中央文献出版社,2013:621.

边缘开挖渠道,通过隧道穿过黄河,沿京广铁路西侧北上,自流到北京市颐和园团城湖。

输水干渠地跨河南、河北、北京、天津4个省(市),总长1277公里。受水区域为沿线的南阳、平顶山、许昌、郑州、焦作、新乡、鹤壁、安阳、邯郸、邢台、石家庄、保定、北京、天津等14个大中城市。重点解决河南、河北、北京、天津4省(市)的水资源短缺问题,为沿线十几个大中城市提供生产生活和工农业用水。

丹江口大坝加高后,丹江口水库正常蓄水位达到170米,在此条件下可保证规划调水量。在汉江中下游开展生态补偿工程,在调水到北方地区的同时,保证调出区的工农业发展、航运及环境用水。

2014年12月12日14时32分,南水北调中线工程正式通水。截至2020年6月3日,南水北调中线一期工程已经安全输水2000天,累计向北输水300亿立方米,已使沿线6000万人口受益。

二、中线工程建设的必要性

中线工程的主要供水目标是京津及华北平原中西部地区以及130余个城镇的工业与生活用水,兼顾生态和农业用水。该地区供水范围约15.1万平方千米,人口1.1亿人,国内生产总值占全国总量的10%以上,是我国政治文化中心。区内除少量孤山岗丘外,地势平坦,人口密集,土地利用率高。南北向有京广、焦枝两条铁路干线,东西向有京津、石德、陇海、平顶山至周口以及若干铁路支线,公路四通八达,交通便利。

但是,受水区当地水资源极其短缺,人均和亩均水资源量仅为全国均值的16%和14%。20世纪80年代以后,随着经济发展,需水量急剧增长,而其上游来水量又急剧减少,导致平原地区水源枯竭、水质恶化、环境干化、城乡供水出现全面紧张状态,水荒频发,经济社会发展受水资源短缺的制约日益严重。水资源短缺引起受水区内一系列环境问题和社会问题,已经发展到靠当地水资源无法解决的地步,只能靠丰水区调水来解决。因此,从京津华北平原严峻的缺水形势出发,建设南水北调中线工程,不仅势在必行,而且非常紧迫。

受水区地形大体来说是南高北低,西高东低。引汉工程,从已建的汉江丹江口水库引水,水质好,水量稳定,而且利用有利的地形条件,既能沿黄淮海平原西部边缘自南向北自流输水,又能自西向东自流供水,覆盖面大,只要输水总干渠建成,便能利用平原上众多的自然河流及已建成的灌溉渠道供水,配套工程较省,远景还可从长江干流引水,后备水源充足,是解决华北水资源危机的理想方案。因此,兴建中线调水工程是必要的。

三、建设历程

南水北调中线工程的前期研究工作始于 20 世纪 50 年代初,水利部长江水利委员会(以下简称长江委)与有关省市、部门进行了大量的勘测、规划、设计和科研工作。

自 1952 年开始,长江委几代技术人员坚持开展中线工程的勘探、测量、规划与设计工作。1959 年《长江流域综合利用规划要点报告》提出,南水北调总的布局是从长江上、中、下游分别调水。中线工程近期从汉江丹江口水库引水,远景是从长江干流调水。1958 年 9 月,水电部在批准丹江口水利枢纽初步设计任务书时,明确了引汉灌溉唐白河流域和引汉济黄济淮的任务。1968 年,丹江口水库下闸蓄水。1973 年,建成清泉沟引丹灌区渠首(输水能力 100 立方米/秒)。1974 年,建成引汉总干渠陶岔渠首(近期设计引水流量 500 立方米/秒,后期可达 1000 立方米/秒),同时兴建了闸后 8 公里长总干渠。1978 年 10 月,水电部以急件发文《关于加强南水北调规划工作的通知》,要求抓紧进行南水北调的规划修改补充工作上报。各有关单位进一步开展了南水北调规划工作。1980 年,水利部组织有关省市、部委、科研部门及大专院校的领导、专家、教授对中线工程水源区及渠首到北京的线路进行了全面查勘。查勘前后,长江委提出《南水北调中线引汉工程规划要点报告》和补充报告,制订了中线工程规划科研计划,由水利部在 1981 年正式下达。之后,按照该计划,长江委和地矿部分别开展了黄河南、北的工程地质勘查工作,中科院地理所进行了江、淮、黄、海丰枯遭遇分析。1983 年,国家计划委员会将南水北调中线工程列为国家"六五"前期工作重点项目。长江委与各省市协作,于 1987 年完成了《南水北调中线规划报告》,重点研究了丹江口水库初期规模引水方案。水利部组织审查结束,按计划分两阶段进行,第一阶段审查结束后,长江委按会议要求作补充研究,于 1988 年正式上报,并向部主管领导作了汇报,但第二阶段审查未进行。

1990 年 10 月,水利部发文要求"抓紧完成丹江口水利枢纽后期完建工程及调水方案的可行性研究和设计任务书工作"。1991年11月,长江委提出了《南水北调中线规划报告(1990年9月修订)》和《南水北调中线工程初步可行性研究报告》,明确了中线工程以城市生活及工业供水为主,兼顾农业及其他用水,不再要求通航,供水范围应包括天津市,并推荐加高丹江口水库大坝的调水方案。水利部对上述两个报告组织了审查,原则同意,并指出了下阶段工作中需要补充研究的问题。1992年底,长江委提出中线工程可行性研究报告,由水利部和国际咨询公司分别组织对重大问题如可调水量、调蓄措施、总干渠、穿黄工程、投资估算等专题评审后,水利部于1994年初审查通过了可研报告,同意加高丹江口水利枢纽、年均调水147亿立方米的调水方案。此方案也得到国家计委和北京、天津、河北、河南及湖北五省市的赞同。1995年,国家环保局正式批准了《南水北调中线工程环境影响报告书》。1995年,国务院决定对东、中、西三条线由水利部组织论证、国家计委组织审查。论证审查工作持续到1998年3月,主要结论为:南水北调东、中、西三条线都是必要的,以中、东、西为实施顺序是妥当的,中线工程以加高丹江口水库大坝、总干渠设计引水流量630立方米/秒、加大流量800立方米/秒、调水145亿立方米为最佳比选方案。1994年之前,水利部于1994年审查通过了《南水北调中线工程可行性研究报告》并在审查意见中指出:"下阶段应抓紧进行必要的补充工作,编制总干渠总体设计和丹江口水库续建等单项工程初步设计分别报审。"根据这一要求,长江委和总干渠沿线有关省市开展了初步设计工作。

21世纪伊始,根据中国经济、社会、生态环境以及水资源的变化,长江委按照"先节水后调水,先治污后通水,先环保后用水"的原则,以科学、严谨、求实的态度,广泛征求各方面的意见,再一次对中线工程规划进行了修订。

鉴于南水北调东、中、西三条线涉及中国北方地区水资源的合理配置问题,根据国务院指示精神,水利部又于2000年开始组织编制《南水北调总体规划报告》,其中也包含中线工程规划修订的任务。

南水北调中线工程于2003年12月30日在河北省滹沱河正式开工。12月30日,南水北调中线京石段应急供水工程北京永定河倒虹吸工程、河北省滹沱河倒虹吸工程开工建设,标志着一期工程规划总投资920亿元的南水北调中线工程正式启动,南水北调工程东、中线进入同步建设阶段。

南水北调中线工程分两期建设:一期工程以解决沿线主要城市供水为

目标,工程包括丹江口大坝加高、分期分批安置移民、每年调水量达 95 亿立方米、汉江中下游补偿项目和局部航道整治等;二期工程在一期工程完工后开始建设,规划在一期工程主渠道旁开挖一条输水渠道,供农业生产用水,总调水量达到 130 亿立方米左右。

2012 年 4 月,南水北调中线工程进入最后冲刺阶段。南水北调中线工程建设步伐加快,天津干线工程收尾于年底完工。2014 年 2 月 22 日上午 10 点,南水北调中线穿越黄河工程两条隧洞开始充水试验。截至 2014 年 7 月底,南水北调中线率先通水的京石段工程,先后四次向北京市应急供水,累计向北京输水 16.1 亿立方米。2014 年 9 月 15 日,南水北调中线穿黄工程上游线隧洞充水水位达到设计要求高程,标志着穿黄隧洞工程充水试验成功,这是南水北调中线干线工程建设的重要里程碑。至此,南水北调中线干线全线具备通水条件,为顺利实现 2014 年汛后通水目标奠定了坚实基础。2014 年 12 月 12 日 14 时 32 分,长 1432 公里、历时 11 年建设的南水北调中线正式通水。水源地丹江口水库,水质常年保持在国家 Ⅱ 类水质以上,"双封闭"渠道设计确保沿途水质安全。通水后,每年可向北方输送 95 亿立方米的水量,相当于 1/6 条黄河,基本缓解北方严重缺水局面。

自 2014 年 12 月 12 日全线通水以来,截至 2019 年 9 月 4 日早 8 时,北京接收丹江口水库来水的总量已达 50 亿立方米,接近 357 个西湖的水量。

截至 2020 年 6 月 3 日,南水北调中线一期工程已经安全输水 2000 天,累计向北方输水 300 亿立方米,已使沿线 6000 万人口受益。其中,北京中心城区供水安全系数由 1 提升至 1.2,河北省浅层地下水水位由治理前的每年上升 0.48 米增加到每年上升 0.74 米。

截至 2021 年 7 月 19 日,南水北调中线一期工程自陶岔渠首累计调水入渠水量达 400 亿立方米,直接受益人口达到 7900 万人,南水已成为京津冀豫沿线大中城市的主力水源。

四、水源地保护及移民搬迁

为缓解调水对汉江中下游的不利影响,规划建设兴隆水利枢纽、引江济汉、部分闸站改造、局部航道整治等工程。其中兴隆水利枢纽任务是枯水期雍高库区水位,改善库区沿岸灌溉和航运条件;引江济汉工程从长江荆州段龙洲垸引水至汉江潜江段高石碑,全长 67.1 公里,任务是满足汉江兴隆以下生态环境用水、河道外灌溉、供水及航运需水要求,基本解决中线一期工程调水对汉江下游"水华"的影响,解决东荆河的灌溉水源问题,并在一定程度上恢复汉江下游河道水位和航运保证率,使长江到汉江的通航里程缩短637公里。

为确保南水北调中线调水水质安全,2013年7月,国务院南水北调办、国家发展改革委、环境保护部、住房和城乡建设部、水利部联合印发考核办法,明确河南、湖北和陕西三省人民政府是中线水源保护的责任主体,并对年度水质、水污染防治项目、水土保持项目等情况进行考核,考核结果纳入各级政府领导干部的综合考核评价。

为了防范总干渠输水过程中的污染风险,中线工程划定了总干渠两侧水源保护区,还开展了总干渠两侧内排段地下水现状调查,防范地下水污染风险。总干渠两侧85%以上的地下水监测点位水质达到或优于地表水Ⅲ类标准。

南水北调工程举世瞩目,是当时世界上工程规模最大、供水规模最大、距离最长、受益人口最多、移民强度最大的水利工程。工程占地涉及7个省市100多个县,有近40万人需要搬迁。移民搬迁安置任务主要集中于2010年、2011年完成,其中2011年要完成19万人的搬迁安置,年度搬迁安置强度即搬迁安置人口数量在国内和世界上均创历史纪录,在世界水利移民史上也是前所未有的。移民搬迁涉及的湖北、河南两省成立移民搬迁安置指挥部,省直有关单位成立包县工作组,市包县、县包乡、县乡干部包村包户,形成了上下联动、责任明确、指挥有力、运转高效的工作格局。

南水北调总体规划包括东线、中线、西线三条调水线路,东线工程人口迁移数量较少,移民分散,主要采取就近安置,征地拆迁和移民安置问题相对容易解决。南水北调移民工作的重点在于中线工程丹江口库区。丹江口库区移民工作涉及河南、湖北两省,其中河南省规划移民16.2万人,湖北省规划移民18.1万人,两省规划移民人数大致相当。水利工程中的移民问题是世界性难题,具有被动性、时限性、区域性、补偿性等特征,中线工程移民时间集中,且处于社会转型期,组织难度大,工作强度高,但经过豫鄂两省数万名党员干部艰苦卓绝的努力,最终取得了移民迁安工作的重大胜利。在迁移过程中,广大群众舍家为国,无怨无悔,各级干部情系移民,无私奉献,用信念和忠诚谱写了一曲曲荡气回肠的英雄赞歌,铸就了伟大的南水北调移民精神。

第二节 汉江生态经济带提出背景

一、历史渊源

陕西作为丝绸之路的重要起点,与丝绸之路的关系源远流长。河南南阳与西域在两汉时期就有大量的人员往来、繁密的文化交流、频繁的部族播迁和亲密的民族交融。南阳市方城县博望镇是张骞的封侯之地,当地的佛沟摩崖造像是河南西南部目前已发现的唯一的摩崖石雕造像,呈现出明显的西域印度佛教风格。襄阳自古就是水陆交通要津,有"南船北马"之说,是长江中游地区同关中地区、中原地区相互联系的枢纽,也是关中地区与岭南地区互通水运的要港。凭借地理位置的优势与汉江水运的便利,襄阳在历史上多次成为我国南北通商贸易的重要"互市",与长安保持着密切的经济贸易往来,并在丝绸之路中发挥重要作用。襄阳的茶叶与漆器在唐代是著名的外销产品;十堰竹溪县与陕西省的平利、镇坪、旬阳相邻;郧西地处湖北省西北部,与陕西境内的五个县接壤,其上津镇曾是长江中游地区对接丝绸之路的重要桥头堡。此外,湖北、河南是中俄万里古道的重要途经省份,与丝绸之路经济带沿线省份和国家都有着密切的经贸联系。

二、生态背景

汉江古称沔水、汉水,是长江最长的支流,与长江、黄河、淮河并称"江河淮汉"。汉江发源于陕西省西南部秦岭与米仓山之间的宁强县,干流流经陕西和湖北两省,支流延至河南、甘肃、四川、重庆四省市,全长 1577 公里,分三个河段,其中丹江口以上为上游,丹江口至钟祥皇庄为中游,皇庄至汉口龙王庙为下游,沿途分布有褒河、旬河、丹江、堵河、唐白河等主要支流,流域面积约 15.9 万平方千米。汉江流域的自然资源十分富饶,拥有充裕的水资源和矿产资源,同时具有坚实的经济基础和优美的生态环境,是我国重要的粮食生产区和生态功能区。同时,汉江沿岸地区山河多姿,物产富饶,历史文化悠久,有着绚烂多姿的自然风光和源远流长的人文景观,构成了汉江流域独具特色的旅游资源。汉江由于其地理位置的特殊性,是连接西北和华中、南北水路的重要通道,在我国总体的区域发展格局中具有极高的战略地位。

2016 年 1 月 5 日,习近平总书记在推动长江经济带发展座谈会上指出:"当前和今后相当长一个时期,要把修复长江生态环境摆在压倒性位置,共抓大保护,不搞大开发。"[①]近年来,汉江工农业、生活及生态用水量明显增大,工业化和城镇化进程的加快也使得汉江面临的水污染威胁日益加剧,而汇入汉江的径流量却在逐年减少。与此同时,汉江作为南水北调中线工程的水源地,还负担着"一江清水北送"的重要任务,随着一系列调水工程的实施,汉江水环境容量将大幅萎缩,流域的生态面临严峻挑战。汉江生态经济带作为长江经济带的绿色增长极,其所处的生态地位决定了流域内相关行政单元共同担负着水环境保护和生态建设的使命。

近代以来,各国都十分重视大江大河的综合利用与发展,比如莱茵河流域、密西西比河流域、湄公河流域等,我国也一直致力于流域治理与开发,近年来先后出台了多部文件对流域综合管理与发展进行规范。2012 年底,针对长江与淮河分别出台了《长江流域综合规划(2012—2030 年)》与《淮河流域综合规划(2012—2030 年)》;之后,黄河、海河、松花江等流域综合规划也纷纷得以制定与实施。伴随着一系列文件的出台,流域经济、流域经济带、组团发展等也逐渐引起了高度关注与重视。湘江经济带、淮河经济带、海河经济带、珠三角经济带等也由地方层面纷纷提出。在这样的大背景下,2013年 10 月,湖北省政府从全省的发展全局出发,提出了汉江生态经济带开放开发"一总四专"的规划体系,到规划期末(2025 年),将湖北汉江经济带打造成"五个汉江",即绿色汉江、富强汉江、幸福汉江、安澜汉江、畅通汉江。2013 年,中共湖北省委十届四次全会也提出了要进一步加大对"两圈两带""一主两副""一元多层次"等战略的推进力度,将汉江经济带建设与发展上升到省级战略层面。2014 年 6 月,湖北省人民政府、省发改委等五部门联合发布"一总四专",明确了实施重点与具体内涵。此外,河南、陕西、湖北三省又多次协商合作,旨在联合打造全域汉江生态经济带。在"十三五"规划纲

---

① 习近平:走生态优先绿色发展之路 让中华民族母亲河永葆生机活力[EB/OL].(2018—01—04).中国共产党新闻网,http://jhsjk.people.cn/article/28026284.

要中,更是将"推进汉江生态经济带建设"纳入其中,汉江生态经济带建设自此被提到国家战略层面。

汉江生态经济带覆盖的区域分布有鄂中丘陵、大别山区等重要生态功能区,丹江口水库等水源区,以及江汉平原、鄂北岗地等农产品主产区,自然资源十分富饶,拥有铅、锌、铜、煤、钒、磷、重晶石等高储量的矿产资源。由于其地理位置处于我国南北气候过渡区和东西植物交汇区,拥有得天独厚的生态优势,分布着秦巴山区、大别山区、神农架等重要生态功能区,有着"华中绿肺""天然生物基金库"的称号,是多种珍稀动植物的生长栖息地。神农架地区是全球中纬度地区保持得最好的亚热带森林生态系统之一,是我国生态保护领域的一面旗帜。丹江口水库是南水北调中线工程的水源地,在维护我国水生态安全方面具有特殊地位。丰富的矿产资源和水资源有力地保障了汉江生态经济带的工农业发展,同时为其绿色发展提供了有利的条件。汉江生态经济带境内水系发达,河湖密集,水量较为丰沛。但是降水量时空分布上的不均使得人均可利用水资源量少,水资源开发利用方式粗放,水质污染、水资源浪费等问题普遍存在。

三、经济背景

汉江生态经济带的经济发展实力较强,拥有良好的农业基础,是我国主要的粮食生产区,同时汽车机械等工业发展也较为迅速,是我国重要的汽车装备制造地。但相对于长江经济带,发展仍显滞后,因而加快汉江生态经济带的开发建设,带动流域经济发展,改善沿线生态环境,对于推动流域整体绿色发展具有重要意义。

汉江生态经济带综合经济实力较强。2018 年,汉江生态经济带常住人口 6833.9 万人,地区生产总值 43388.9 亿元,分别占三省合计的 35.3% 和38.8%,社会消费品零售总额达到 18488.1 亿元。目前,汉江流域的人口、资本等生产要素分布大体上呈沿江聚集状态。

汉江生态经济带的城镇化率在 2009—2017 年不断上升,2017—2018 年出现明显的下降,10 年间,汉江生态经济带的整体城镇化率一直低于全国平均水平。汉江生态经济带的城市化增速虽然较快,城镇化率也达到了世界平均水平,但现阶段区域内城市化水平依然处于低质量发展阶段,城镇化建设的任务依然艰巨,因而有必要大力推动绿色发展,全面提高城镇化的发展质量。

汉江生态经济带的产业发展已具一定基础。作为我国主要农产区之一,经济带 2014 年粮食产量合计 2117.9 万吨,占陕西、河南、湖北三省总产量的 22.2%。同时,经济带的棉花、肉类、油料、水产品等主要农产品产量占三省总产量的比重均在 25.0% 以上,农业发展态势良好。在制造业方面,汉江生态经济带经过多年发展,在从原材料加工到精深加工的多个领域已积累了一定优势并形成自身特色,一些企业和产品的竞争力和品牌影响力在中西部地区乃至全国都日益凸显。例如,以武汉、襄阳、十堰、随州为核心的关联度高、互补性强的汽车工业走廊已经形成,成为全国重要的汽车生产基地;依托中下游丰富的粮油作物和秦巴山区的农林产品,经济带农特产品加工产业也具有一定实力;装备制造、医药化工等先进制造业发展不断加快,生物医药等新兴产业发展活力逐步增强。

四、政策背景

《2014 年国务院政府工作报告》明确提出要“把培育新的区域经济带作为推动发展的战略支撑”。汉江作为长江第一大支流,是长江与欧亚大陆桥(陇海铁路)之间仅有的一条经济走廊,将其培育成“新的区域经济带”,对于促进中部地区乃至全国的协调发展意义重大。2014 年,国务院发布《关于依托黄金水道推动长江经济带发展的指导意见》,明确包括汉江流域在内的长江流域成为国家开发建设的重点区域。《全国主体功能区规划》《国家新型城镇化规划(2014—2020 年)》《中共中央国务院关于促进中部地区崛起的若干意见》等文件均从不同方面和领域为汉江流域的开发与保护指明了方向。与此同时,按照《丹江口库区及上游地区经济社会发展规划》等相关规划文件的要求与部署,汉江上游产业发展受到一定程度的限制,在现有基础上加强汉江上中下游产业和生态保护的交流与合作是流域经济社会发展的必然选择。2018 年 11 月,经国务院批准,《汉江生态经济带发展规划》(以下简称《规划》)正式印发。《规划》指出,汉江生态经济带区域生态环境保护形势严峻。南水北调中线工程实施后,丹江口库区及上游地区水污染治理和生态建设任务更加迫切,经济发展与生态环境保护的矛盾更加突出。经济转型任重道远,产业升级、新旧动能转换压力大。

汉江生态经济带在经济发展的同时对资源环境也造成了巨大的压力。

针对区域内发展建设和生态保护的突出矛盾,汉江生态经济带沿线各省市政府认识到生态保护的重要性,紧跟国家战略颁布了一系列政策措施来推动生态环境的治理,具体政策如表1.1和表1.2所示。

表 1.1　中央部门关于汉江生态经济带环境保护的政策文件

部门	政策文件	政策主旨及发展路径
发改委	《汉江生态经济带发展规划》	①重点保护和改善汉江流域的生态环境,促进汉江生态经济带的绿色发展 ②通过科学技术的创新优化产业结构,不断提升绿色发展质量 ③推动大气污染联合防控,修复土地污染,加速清洁能源的开发利用 ④持续推进水资源综合治理,加大丹江口水库和上中下游地区的水环境和生态环境的保护恢复 ⑤发挥经济带中心城市的辐射带动效应,加强上中下游不同区域间的协同联动
国务院	《促进中部地区崛起"十三五"规划》	①支持汉江生态经济带的建设,推动流域的综合治理和绿色发展 ②推动汉江的河道治理,加强丹江口库区及上游区域的水污染防治 ③建立汉江流域生态补偿机制,推进汉江上游区域的水源涵养及生态环境的保护 ④推进绿色可持续发展,提高能源利用率和绿色建筑面积 ⑤加快中部城市群的发展,培育经济增长极,促进区域的协调发展

注:根据中央政策文件内容整理。

表 1.2　各省市关于汉江生态经济带环境保护的政策文件

政策涉及地区	政策文件	政策主旨及发展路径
湖北省	《湖北省汉江流域综合开发总体规划(2011—2020年)》《湖北汉江生态经济带开放开发总体规划(2014—2025年)》《湖北省汉江流域水污染防治条例》《湖北省汉江中下游流域污水综合排放标准》	①促进汉江流域的绿色发展和循环经济发展,实现经济和生态发展的有机融合 ②严厉实行水资源管理系统,结合水污染防治计划调整产业结构,实施清洁节能生产 ③加速生态农业发展,适度使用农药和化肥,推广绿化植树活动以加强水土保持 ④加强工业污染减排,建立生态文明制度体系 ⑤到2025年,将汉江生态经济带建成绿色发展与经济协调发展的示范带

续表

政策涉及地区	政策文件	政策主旨及发展路径
河南省	《河南省贯彻落实汉江生态经济带发展规划实施方案》《关于加强环境保护促进中原经济区建设的意见》	①加快汉江流域绿色走廊建设,在丹江口库区开展生态系统建设 ②加强空气、水源、土壤污染防治,提升生态环境承载力 ③提高水资源和能源利用率,发展循环经济 ④加快绿色能源建设,大力发展生态农业 ⑤不断提升环境质量,为推动中原经济区建设提供环境支持,促使环境与经济社会和谐发展
陕西省	《陕西省汉江丹江流域水污染防治条例》《陕西省汉江丹江流域水质保护行动方案（2014—2017年)》	①根据水污染防治规划开展汉江水环境的功能区划,推行清洁生产,控制污染物排放量 ②加快集中式污水、垃圾和固体废弃物处理设施建设,禁止将各类垃圾废弃物倾倒在汉江流域范围内 ③加快退耕还林,保护湿地森林,维护生态平衡,防止水土流失 ④科学适度使用农业产品,推广使用有机化肥,防止农业面源污染
武汉市	《武汉市水污染防治规划》《武汉市环境保护"十三五"规划》	①严格汉江流域工业准入,减少水污染排放量,开展沿江港口岸线的综合整治,确保水质不退化降级 ②建立环境网络监测,2020年底前建设汉江水环境承载力预警平台 ③推进汉江饮用水水源水质实时自动监测系统建设,保障饮用水安全 ④划定汉江武汉段生态红线,严禁在红线1公里范围内部署工业园区,全面推进城市绿色发展
襄阳市	《襄阳市汉江流域水环境保护条例》《汉江流域水环境综合治理年度行动目标》	①汉江流域实行水污染排放标准管理制度,排放重点水污染物的企业应搬入工业园区 ②划定生态隔离带,采取退耕还林还草的措施修复林地湿地 ③在流域内进行采砂淘金应按规定作业,不得破坏流域生态环境 ④确保汉江水质达到各功能区要求,加强对外来水生物种的监测监管,保护流域水生物多样性 ⑤在汉江两岸1公里内建设沼气池,关闭尾矿库

续表

政策涉及地区	政策文件	政策主旨及发展路径
随州市	《湖北汉江生态经济带开放开发随州市实施方案（2016—2020 年）》《随州市环境保护"十三五"规划》	①划定生态红线区,执行排放废污水的水资源管理制度 ②加强农业、工业、大气污染防治 ③加快污水和垃圾处理设施建设,建立流域自动监测预警系统 ④构建生态屏障和绿色走廊,强化生态系统功能区的保护 ⑤积极发展新能源和绿色技术环保产业
荆门市	《荆门市汉江流域水污染防治目标责任考核办法》《荆门市湖泊退垸还湖实施方案》	①改善汉江水质,确保汉江荆门段水质达到水环境功能区要求 ②关停流域内"十五小"企业,控制流域内污染物排放量,提升废污水的处理率 ③整治流域内的水产养殖,加快磷化产业结构调整 ④加强"水华"监测整治及汉江枯水期生态调控
十堰市	《十堰长江(汉江)大保护九大行动方案》《十堰市生态环境保护"十三五"规划》	①确保襄阳汉江干流水质长期保持在Ⅱ类标准之上,加强饮用水水源地的标准化建设 ②加速森林和湖泊湿地的生态修复,加强沿江工业污染整治 ③严格执行城市污水和废弃物处理措施,全面治理农业污染 ④推动氮磷污染治理,加快建立生物多样性保护体系,全面促进绿色发展
孝感市	《汉江流域汉川段水污染防治规划(2016—2030)》	①加大水污染预防和水资源管理力度,积极推进汉江下游水生态安全保护区建设 ②着重保护饮用水源,重点治理生活污水和养殖污染 ③优化汉江沿线产业结构,全面治理工业污染,加强对水污染物排放的控制 ④守住生态、水环境和耕地三条红线,加强流域湿地和防护林建设,构筑绿色屏障 ⑤建立五大环保支撑体系

续表

政策涉及地区	政策文件	政策主旨及发展路径
南阳市	《南阳市国民经济和社会发展第十三个五年规划纲要》《南水北调中线工程丹江口水库及总干渠(南阳段)环境保护实施方案(2017—2019年)》	①将水运发展作为重点,持续丹江口库区及上游水污染和水土治理,确保入库水质全部达标 ②加强生态保护建设项目,建设水土保持、石漠化整治和湿地恢复工程 ③实施蓝天、碧水和乡村清洁工程,提升污水和生活垃圾处理率 ④加大工业污染源防治力度,提升绿色科技水平,改善资源利用情况,发展绿色经济 ⑤强力推动汉江生态经济带建设,加强各地区衔接合作
洛阳市	《洛阳市生态环境建设体系碧水行动计划》《洛阳市"十三五"生态环境保护规划》	①对丹江口上游河道进行综合整治,清理河道污泥垃圾,建设生态护坡 ②严格入河口排污管理,利用水资源红线对用水总量进行把控,控制地下水超采,提升用水效率 ③加快废水处理设施建设,建立截污工程和排污管网,加强水政管理执法,保障用水安全
汉中市	《汉中市汉江流域水环境保护条例》《汉江生态环境保护"清澈"行动实施方案》	①对汉江干流和支流进行水质保护,确保径流水质不低Ⅱ类标准 ②减少水污染物的排放量,禁止向水源倾倒各种有害物质 ③建立河流监测断面,完善对危险化学品运输的监控,监测外来水生物 ④开展河岸绿化造林、湿地修复等全面改善水体生态环境的措施 ⑤加强生态空间管控,推动绿色循环发展
安康市	《安康市汉江流域水质保护条例》《安康市水污染防治工作方案》	①加强水功能区和河湖岸线的监督管理,严控生态保护红线,不断改善汉江流域的水环境质量 ②依法建立汉江流域湿地保护规划和信息管理体系 ③加强对涉水工程建设和运行的管理,以优先保护水质、涉水产业适度发展为原则 ④实行水污染物排污许可制度,建立健全汉江流域水质监测网络
商洛市	《商洛市丹江流域水污染防治项目实施方案》《丹江流域综合治理实施方案》	①全面改善水环境质量,加强丹江流域生态文明建设 ②加大绿化造林力度,提升水源涵养能力 ③发展生态农业,积极实施农村清洁工程 ④优化沿江工业布局,严控处理废污水排放和生活垃圾 ⑤推进节能生产并发展绿色经济,确保丹江水质维持在Ⅱ类标准以上

注:根据各省市政策文件内容整理。

第二章 南水北调中线工程沿线
水资源水环境情况

第一节 水源区水资源水环境情况

一、湖北省水资源水环境情况[①]

(一)第一阶段:通水前(2004—2014年)

1. 水资源量与水资源质量

湖北省地势大致为东、西、北三面环山,中间低平,略呈向南敞开的不完整盆地,来自南方的气流带来水汽,导致境内降水丰富。在全省总面积中,山地占56%,丘陵占24%,平原湖区占20%,属长江水系。湖北省地处亚热带,全省除高山地区属高山气候外,大部分地区属亚热带季风性湿润气候。降水量多,强度大,年降水量为860—2100毫米,降水量分布趋势为由西北向东南递增,以东南部的黄石市、咸宁市的年降水量最大,均达到1700毫米以上,以北部的襄阳市降水量最少,全市年降水量小于950毫米。

南水北调中线工程通水前(2004—2014年),2004年、2007年、2008年和2014年为平水年份,2009年、2011年、2012年、2013年为偏枯年份,2010年为偏丰年份。

2004—2014年湖北省地表水资源量、折合径流深及与上年值、常年值相比情况见表2.1。

[①] 除另有说明外,本部分数据均来自历年湖北省水资源公报。

表 2.1 通水前(2004—2014 年)湖北省地表水资源情况

年份	地表水资源量 /亿立方米	折合径流深 /毫米	较上年值增幅 /%	较常年值增幅 /%
2004	894.56	481.2	−25.8	−11.1
2005	903.58	486.1	−1.0	−10.2
2006	608.93	327.6	−32.6	−39.5
2007	984.11	529.4	61.6	−2.2
2008	1003.75	539.9	2.0	−0.2
2009	794.45	427.4	−20.9	−21.0
2010	1239.07	666.5	56.0	23.1
2011	725.41	390.2	−41.5	−27.9
2012	783.76	421.6	8.0	−22.1
2013	756.64	407.0	−3.5	−24.8
2014	885.89	450.9	17.1	−12.0

由表 2.1 可知,受气候和地形地貌等因素的影响,省内降水空间时间分布不均匀,导致湖北省各年份地表水资源量存在较大差异。其中以 2006 年地表水资源量最少,以 2010 年地表水资源量最多,刚好与降水量的多少相对应。由于湖北省地势西北高,东南低,所以地表水都向东南方向流动,地表水资源量主要存在于东南方向。由这 10 年的变化可知,地表水资源量变化与降水量一样,整体趋势不稳定,时而多时而少。

2004—2014 年湖北省地下水资源量(包括平原区、山丘区)及与上年值、常年值相比情况见表 2.2。

表 2.2 通水前(2004—2014 年)湖北省地下水资源情况

年份	地下水资源量/亿立方米			较常年值增幅 /%	较上年值增幅 /%
	总量	山丘区	平原区		
2004	276.68	211.4	67.1	−3.6	−11.0
2005	277.22	216.07	62.82	−4.2	0.2
2006	221.51	159.42	64.07	−23.5	−20.1
2007	282.81	221.14	63.21	−2.3	27.7
2008	282.03	216.82	66.78	−2.5	−0.3
2009	263.45	198.16	67.39	−9.0	−6.6
2010	306.13	230.70	77.21	5.8	16.2
2011	251.92	195.44	58.62	−12.9	−17.7
2012	262.77	196.53	68.07	−9.1	4.3
2013	251.31	190.26	62.83	−13.2	−4.4
2014	282.01	218.06	65.94	−2.6	12.2

　　由表2.2可知,湖北省2004—2014年地下水资源量(包括平原区、山丘区)总体较为稳定,波动不大,围绕均值上下波动。地下水资源量的最大值出现在2010年,达306.13亿立方米,最小值出现在2006年,为221.51亿立方米,10年平均地下水资源量为268.89亿立方米。平原区地下水资源量的最大值出现在2010年,为77.21亿立方米,最小值出现在2011年,为58.62亿立方米,10年均值为65.85亿立方米;山丘区地下水资源量最大值为2010年的230.7亿立方米,最小值为2006年的159.42亿立方米,10年均值为205.94亿立方米。

　　地下水资源量与降水量、地质构造、人口密度、地势地貌和岩石的厚度及渗透性等都有一定的关系,其中影响地下水资源量最主要的因素是土壤。湖北省的土壤类型较为复杂,主要有水稻土、潮土、黄棕壤、黄褐土、石灰(岩)土、红壤、黄壤及紫色土等,这8个土类占全省总耕地面积的98.7%。其中水稻土占总耕地面积的50.4%,潮土占19.0%,黄棕壤占14.5%,其他5个土类的面积占总耕地面积的比重均小于5.0%。水稻土是湖北省面积最大、贡献最多的耕作土壤,所产粮、油占全省粮食产量的70.0%。潮土是湖北省重要的生产粮、棉、油的土壤,所产棉花占全省棉花总产量的80.0%以上。黄棕壤广泛分布于鄂西南山区和鄂北地区,是小麦、玉米、棉花、豆类、茶叶、烟叶等粮经作物的生产土壤。2004—2014年,湖北省水资源总量及与上年值、常年值相比情况,产水总量占降水总量的比重,人均水资源总量见表2.3。

表2.3　通水前(2004—2014年)湖北省水资源情况

年份	水资源总量 /亿立方米	与常年值相比 /%	与上年值相比 /%	产水总量占降水 总量的比重/%	人均水资源总量 /立方米
2004	928.06	−10.4	−24.8	44.0	1555
2005	933.96	−9.8	0.8	46.1	1560
2006	639.69	−38.2	−31.5	37.0	1061
2007	1015.06	−2.0	58.7	46.1	1673
2008	1033.95	−0.2	1.9	45.9	1695
2009	825.28	−20.3	−20.2	41.6	1347
2010	1268.72	22.5	53.7	53.3	2052
2011	757.53	−26.9	−40.3	53.3	1248
2012	813.88	−21.5	7.4	41.9	1408
2013	790.15	−23.7	−2.9	41.0	1363
2014	914.30	−11.7	15.7	43.5	1572

　　由表 2.3 可知,2004—2014 年,湖北省水资源总量的最大值出现在 2010
年,流量为 1268.72 亿立方米,最小值出现在 2006 年,流量为 639.69 亿立方
米,水资源总量的均值为 901.87 亿立方米;人均水资源量与之对应,2010 年
最多,2006 年最少,人均水资源量的均值为 1503.09 立方米。水资源总量是
指降水所形成的地表和地下的产水量,即地表径流量(不包括区外来水量)
和降水入渗补给量之和。所以水资源总量主要受降水量影响,变化趋势基
本与降水量一致。

　　根据 2004—2014 年湖北省水资源质量公报,每年评价的河长、水库、湖
泊结果基本一致。

　　共评价河长 6364 公里左右,其中Ⅰ—Ⅱ类、Ⅲ类、Ⅳ类、Ⅴ类及劣Ⅴ类
水质河长占比见图 2.1。劣于Ⅲ类的水体主要集中在城市河段和部分支流,
主要污染物为氨氮、高锰酸盐指数、五日生化需氧量、挥发酚、总磷等。[①] 其
中,长江干流和汉江干流共评价 1763 公里,Ⅲ类水河长占 95.8%,Ⅳ类水河
长占 4.2%,主要污染物为粪大肠菌群。中小河流水质污染状况不容乐观,
主要污染物为氨氮、高锰酸盐指数、五日生化需氧量、挥发酚、总磷等。主要
污染河流为涢水、府澴河、滚河、黄渠河、神定河、清河、蛮河、竹皮河等,主要
污染物为氨氮、高锰酸盐指数、总磷、挥发酚和五日生化需氧量。

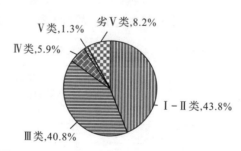

图 2.1　2004—2014 年湖北省各类水质河长占比

　　共评价湖泊 26 个,评价面积为 1552.31 平方千米,其中Ⅱ类、Ⅲ类、Ⅳ
类、Ⅴ类、劣Ⅴ类水质湖泊评价面积占比见图 2.2。湖泊主要超标项目为氨
氮、总磷、挥发酚、高锰酸盐指数和总氮。

---

　　① 　为方便表述和统计,本书采用两次全国污染源普查公报的方式,将所有污染指标统称为污染物。

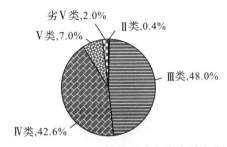

图 2.2 2004—2014 年湖北省各类水质湖泊占比

共评价水库 32 个,年平均蓄水量 299.22 亿立方米,其中 II 类、III 类、IV 类、劣 V 类水质水库年平均蓄水量占比见图 2.3。受到污染的水库为解放山水库和三湖连江水库,主要污染物为氨氮、总磷。从水库富营养化程度分析,32 个水库中,30 个水库为"中营养";2 个水库为"富营养",分别为解放山水库和郑家河水库。

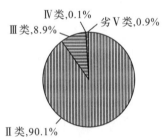

图 2.3 2004—2014 年湖北省各类水质水库占比

省界水体评价 12 个断面,经监测,乌江水系的唐岩河朝阳寺、宜宾至宜昌的梅子水、磨刀溪建南、洞庭湖水系的松西河杨家垱、沱水沙溪坪、汉水水系的夹河关防、滔河梅家铺、长江干流武穴闸为 II 类水;宜昌至湖口的界牌水库、黄盖湖为 III 类水;汉水水系的黄渠河和湖口以下干流的龙感湖为 IV 类水。超标项目为氨氮、总氮。全省共监测 192 个水功能区,达标率为 54.7%。监测 70 个饮用水水源地,合格率为 87.1%。

2. 水资源利用与废污水排放

2004—2014 年湖北省总供水量(包括地表水源供水量及占比、地下水源供水量及占比和其他水源供水量及占比)、与上年值相比情况见表 2.4。

表 2.4 通水前(2004—2014 年)湖北省总供水量

年份	总供水量/亿立方米			与上年值相比/%
	地表水	地下水	其他	
2004	242.68			−2.4
	233.82 (96.4%)	7.84 (3.2%)	1.02 (0.4%)	
2005	235.38			10.7
	244.31 (96.4%)	8.24 (3.3%)	0.38 (0.3%)	
2006	258.79			5.4
	248.94 (96.2%)	9.13 (3.5%)	0.72 (0.3%)	
2007	258.73			−0.1
	249.41 (96.4%)	8.43 (3.3%)	0.89 (0.3%)	
2008	270.71			12.0
	261.57 (96.6%)	8.43 (3.1%)	0.72 (0.3%)	
2009	281.41			10.7
	271.52 (96.5%)	8.83 (3.1%)	1.06 (0.4%)	
2010	292.37			11.0
	281.8 (96.4%)	9.75 (3.3%)	0.82 (0.3%)	
2011	296.7			4.3
	286.19 (96.4%)	9.66 (3.3%)	0.84 (0.3%)	
2012	299.29			2.6
	288.20 (96.3%)	10.14 (3.4%)	0.96 (0.3%)	
2013	291.8			−7.5
	282.63 (96.9%)	9.17 (3.1%)	0 (0)	
2014	288.34			−3.5
	279.10 (96.8%)	9.24 (3.2%)	0 (0)	

注:括号内数字表示该项占总供水量的比重。

由表 2.4 可知,2004—2014 年湖北省供水量的最大值在 2012 年,达 299.29 亿立方米;最小值在 2004 年,为 242.68 亿立方米;平均值为 275.83

亿立方米。供水量是指不同水平年、不同频率(不同保证率)条件下通过工程设施可提供的符合一定标准的水量,其影响因素有来水条件、用水条件、工程条件、水质条件等。一个地区的供水主要来自地表水、地下水、废污水重复利用、客水,供水量的极值与降水量的极值大多出现在同一个年份,由此可见,供水量的多少主要受降水量的影响。

供水是与民生紧密相关的重要公用事业,是政府应当提供和保障的公共服务。供水水质应当符合国家生活饮用水卫生标准。城市供水是城市的命脉,它为城市的生产、生活提供必需的水资源,是制约经济和城市发展的决定性因素,甚至构成了关系社会安定的重要因素。由于它的不可替代性和不可选择性,它牵动着城市的千家万户。湖北省城市供水起始于1906年,水厂建在汉口,新中国成立后,黄石等省辖市先后兴建水厂,到1954年,全省水厂日生产能力为40.0万立方米。20世纪60年代中期至70年代中期,因城市发展和国防建设需要,水供需缺口较大。改革开放后经济飞速发展,各城市高度重视水厂建设,增长较快,到1985年,全省日供水能力达到264.3万立方米,同时自备水源也达到204.6万立方米。到1998年,全省日综合供水能力达到1428万立方米,最大的水厂汉口宗关水厂的日供水能力达100万立方米,日供水能力达10万立方米及以上的水厂有22座。湖北省城市供水有如下特点:第一,发挥系统内和系统外的两个积极性,最大限度满足城市生产生活用水需要;第二,城市综合生产能力、供水总量多项指标处于全国先进水平,用水结构日趋合理;第三,行业管理工作步入轨道,供水企业内部管理不断加强,改革的步伐逐步加快;第四,水厂建设资金投入大幅度增加,投资结构呈现多元化。

2004—2014年湖北省废污水排放总量(包括工业废水、城镇生活污水、第三产业废污水、建筑业废污水)、废污水入河量情况见表2.5。

表 2.5 通水前(2004—2014年)湖北省废污水排放情况

(单位:亿吨)

年份	排放总量	工业	城镇生活	第三产业	建筑业	废污水入河量
2004	—	—	—	—	—	30.58
2005	42.79	32.34	7.65	2.78	0.02	29.96
2006	44.85	34.03	7.93	2.87	0.02	31.40

续表

年份	排放总量	工业	城镇生活	第三产业	建筑业	废污水入河量
2007	46.72	36.02	7.73	2.97	—	32.71
2008	46.91	36.14	7.77	3.00	—	32.84
2009	48.54	37.70	7.99	2.85	—	33.98
2010	49.62	37.91	9.16	2.55	—	34.74
2011	51.91	38.17	10.73	3.01	—	36.33
2012	53.78	38.75	11.63	3.40	—	37.65
2013	42.80	21.94	11.82	9.01	—	29.94
2014	44.79	22.78	12.13	9.89	—	31.36

注:数据来自2004—2014年湖北省水资源公报,2004年废污水排放总量及分项在当年水资源公报中未公布。

废污水排放量是指工业、第三产业和城镇居民生活等用水户排放的废污水量,不包括火电直流冷却水排放量和矿坑排水量。废污水的来源主要有工业废水、生活污水、农业废污水、工业及矿山废渣、大气污染物、天然污染物等。湖北省是一个人口较多的省份,地处中国中部,是中国的交通枢纽,水陆交通便利,尤其是省会武汉,人口众多,加上大量劳动密集型工厂和企业在武汉落户,导致湖北省的废污水排放量较多。2004—2014年,湖北省废污水排放量的最大值在2012年,达53.78亿吨;最小值在2005年,废污水排放量为42.79亿吨;废污水排放量的平均值为44.27亿吨。

(二)第二阶段:通水后(2015—2018年)

1.水资源量与水资源质量

根据2015—2018年湖北省的降水量数据,2015年、2018年为偏枯年份,2016年为丰水年份,2017年为偏丰年份。

湖北省2015年地表水资源量为986.35亿立方米;2016年为1468.21亿立方米,比上年增加48.9%,比常年偏多45.9%;2017年为1219.31亿立方米;2018年为1098.6亿立方米。受气候和地形地貌等因素的影响,省内降水在空间和时间上分布不均匀,导致各年份地表水资源量存在差异。其中 2018 年的地表水资源量最少,2016 年的地表水资源量最多,刚好与降水量的多少相对应。湖北省地势西北高,东南低,地表水从西北流向东南。由 2015—2018 年的变化可知,地表水资源量变化趋势同降水量一样,整体呈不稳定趋势。

湖北省地下水资源量,2015 年为 279.64 亿立方米;2016 年为 313.57 亿立方米,比上年增加 12.1%,比常年偏多 8.4%,其中平原区地下水资源量 77.97 亿立方米,山丘区地下水资源量 237.40 亿立方米;2017 年为 318.99 亿立方米;2018 年为 257.73 亿立方米。2015—2018 年湖北省地下水资源量基本呈增加趋势,总体较为稳定,波动较小,围绕均值上下波动。地下水资源量最大值为 318.99 亿立方米,最小值为 257.73 亿立方米,分别是在 2017 年和 2018 年,其平均地下水资源量为 296.66 亿立方米。地下水资源量与降水量、地质构造、人口密度、地势地貌和岩石的厚度及渗透性等都有一定的关系。

2015—2018 年,湖北省水资源总量分别为 1015.63 亿立方米、1498 亿立方米、1248.76 亿立方米、857.02 亿立方米。水资源总量的最大值出现在 2016 年,为 1498.00 亿立方米;最小值在 2018 年,为 857.02 亿立方米;4 年间的水资源总量的均值为 1154.85 亿立方米。

根据 2015—2018 年湖北省水资源质量公报,每年评价的河长、水库、湖泊基本一致。共评价河长 10822.5 公里,综合评价结果优于Ⅲ类水(含Ⅲ类水)的河长 9849.1 公里,占 91.0%。监测水库和湖泊水域 101 个水质断面,综合评价结果优于Ⅲ类水的断面 69 个,占 68.3%。监测水功能区 320 个,有 277 个水功能区达标,达标率 86.6%。监测国家考核重要江河湖泊水功能区 161 个,有 148 个水功能区达标,达标率 91.9%。水环境质量稳中有升。劣于Ⅲ类水的河长占总评价河长的 9.0%,主要分布在四湖总干渠、淦河、涢水、澴水、举水、巴水、浠水、神定河、泗河、蛮河、竹皮河、通顺河、东排子河、黄渠河、唐河、小清河、荆河、滠水、汉北河等部分河段,主要超标项目为氨氮、总磷、高锰酸盐指数。

2.水资源利用与废污水排放

2015—2018 年湖北省总供水量的最大值在 2015 年,达 301.27 亿立方米;最小值在 2016 年,为 281.97 亿立方米;供水量的平均值为 292.59 亿立方米。2015—2018 年湖北省各年总用水量均与总供水量相等,详见表 2.6。

表 2.6 通水后(2015—2018 年)湖北省供用水总量

(单位:亿立方米)

年份	总供水量			总用水量		
	地表水源	地下水源	其他水源	生产用水	生活用水	生态用水
2015	301.27			301.27		
	292.18 (97.0%)	9.09 (3.0%)	0 (0)	273.97	26.53	0.77
2016	281.97			281.97		
	273.14 (96.9%)	8.83 (3.1%)	0 (0)	252.03	28.21	1.13
2017	290.26			290.26		
	281.42 (96.9%)	8.77 (3.0%)	0.07 (0.1%)	260.13	28.96	1.17
2018	296.87			296.87		
	289.05 (97.4%)	7.82 (2.6%)	0 (0)	266.37	29.18	1.32

注:括号内表示占总供水量的比重。

由表 2.7 可知,通水后,废污水排放量相差不大,2015—2017 年有小幅度的增加,但 2018 年的废污水排放量减小到 51.41 亿吨。

表 2.7 通水后(2015—2018 年)湖北省废污水排放总量

(单位:亿吨)

年份	排放总量	工业	城镇生活	第三产业	废污水入河量
2015	51.25	23.96	12.43	14.86	35.87
2016	51.88	23.41	12.74	15.73	36.32
2017	51.86	22.79	12.99	16.08	36.30
2018	51.41	21.51	13.24	16.66	35.98

二、十堰市水资源水环境情况[①]

(一)第一阶段:通水前(2008—2014 年)

1. 水资源量与水资源质量

十堰市地处湖北省西北部、汉江中上游,是南水北调中线工程核心水源

---

① 除另有说明外,本部分数据均来自历年十堰市水资源公报。

区,全市土地面积 2.36 万平方千米(其中,86.7% 的土地面积在丹江口水库以上,13.3% 的土地面积在丹江口水库以下),辖五县一市四区。十堰市属于北亚热带大陆性季风气候,光热资源较丰富,年平均日照时数 1655—1958小时,无霜期 224—255 天。平均年降水量 800 毫米以上,6—8 月是十堰市全年雨水、热能最丰富的季节。夏季平均气温大都高于 25℃,其中 7 月平均为 27℃ 左右。7 月、8 月降水量一般都在 100 毫米以上。受海拔高度、坡向等地形地貌因素影响,十堰市气候复杂多样,素有"高一丈,不一样""阴阳坡,差得多"之说,为多种经营发展提供了良好条件。气候复杂的另一表现是灾害性天气较多,干旱居各种灾害之首,多发生于 7—8 月。

2008—2014 年,受气候和地形地貌等因素的影响,降水空间、时间分布不均,导致十堰市各年份地表水资源量存在较大差异。其中,以 2013 年的地表水资源量最少,以 2010 年的地表水资源量最多,与降水量的多少相对应(见表 2.8)。地表水资源量主要存在于东南方向,由于地势西北高、东南低,所以地表水都向东南方向流动。

表 2.8　通水前(2008—2014 年)十堰市地表水资源量

年份	地表水资源量/亿立方米	与常年值相比/%	与上年值相比/%
2008	71.50	−15.8	−2.4
2009	84.21	−0.9	−17.8
2010	110.05	29.5	30.7
2011	89.90	5.8	−18.3
2012	66.11	−22.2	−26.5
2013	57.07	−32.8	−13.7
2014	76.29	−10.2	33.7

十堰市地下水资源基本呈减少趋势,但总体较为稳定,波动不大,围绕均值上下波动。地下水资源量的最大值出现在 2010 年,达 32.62 亿立方米;最小值出现在 2013 年,为 21.41 亿立方米;年平均地下水资源量为 27.21 亿立方米。十堰市山脉分属三个系:秦岭山脉东段延伸到该市北部,武当山位于该市中部,大巴山的东段横列于该市南部。这些山脉多由变质岩和石灰

岩构成,特点是山大谷狭、高差大、坡度大、切割深。最高点竹溪葱坪海拔2740米,最低点丹江口市潘家岩海拔87米。全市地势总体呈南北高、中间低,自西南向东北倾斜。全市可分为四种主地貌类型和两种副地貌类型。四种主地貌类型中,丘陵面积6250平方千米,低山面积7395平方千米,中山面积6802平方千米,高山面积3233平方千米。因此降水和地表水易下渗成地下水,而且地下水资源量也很丰富(见表2.9)。

表2.9 通水前(2008—2014年)十堰市地下水资源量

年份	地下水资源量/亿立方米		与常年值相比/%	与上年值相比/%
	一般山丘区	岩溶山丘区		
2008	24.85		−9.0	−3.7
	12.51	12.34		
2009	27.06		−1.0	8.9
	13.40	13.66		
2010	32.62		19.3	20.5
	16.33	16.29		
2011	28.13		−2.9	−14
	13.38	14.75		
2012	27.21		−0.5	−3.2
	15.51	11.71		
2013	21.41		−21.7	−21.3
	12.08	9.33		
2014	29.18		7.1	36.3

注:自2014年起,十堰市水资源公报不再公布一般山丘区、岩溶山丘区地下水资源量。

2008—2014年,十堰市水资源总量的最大值出现在2010年,流量为110.05亿立方米;最小值在2013年,流量为57.07亿立方米;水资源总量的均值为79.30亿立方米(见表2.10)。人均水资源量也与之相对应,2010年最多,2013年最少。水资源总量是指降水所形成的地表和地下的产水量,即地表径流量(不包括区外来水量)和降水入渗补给量之和。所以水资源总量主要受降水量影响,变化基本与降水量变化一致。

表 2.10　通水前(2008—2014 年)十堰市水资源总量

年份	水资源总量 /亿立方米	与常年值相比 /%	与上年值相比 /%	人均水资源量 /立方米
2008	71.50	−15.8	−2.4	2037
2009	84.21	−0.9	17.8	2384
2010	110.05	29.5	30.7	3120
2011	89.90	5.8	−18.3	2581
2012	66.11	−22.2	−26.5	1969
2013	57.07	−32.8	−13.7	1695
2014	76.29	−10.2	33.7	2262

十堰市地表水质监测评价河流总长为 706.3 公里,其中优于Ⅰ类水的河长 587.6 公里,占评价河长的 83.2%;劣于Ⅲ类水的河流总长 118.7 公里,占评价河长的 16.8%,主要污染河流有神定河、泗河等。共监测 14 个省政府考核的水功能区,按双因子(氨氮、高锰酸盐指数)评价,13 个达标,达标率为 92.9%;共监测 13 个饮用水水源地,合格率为 100.0%。

2.水资源利用与废污水排放

2008—2014 年,十堰市供水量的最大值在 2012 年,为 10.86 亿立方米;最小值在 2008 年,为 9.16 亿立方米;年平均值为 10.03 亿立方米(见表2.11)。

表 2.11　通水前(2008—2014 年)十堰市总供水量

年份	总供水量/亿立方米		与上年值相比 /%
	地表水源	地下水源	
2008	9.16		0.4
	9.06 (98.9%)	0.10 (1.1%)	
2009	9.94		8.6
	9.84 (98.9%)	0.10 (1.1%)	

续表

年份	总水量/亿立方米		与上年值相比/%
	地表水源供水量	地下水源供水量	
2010	10.12		1.8
	10.02 (98.8%)	0.12 (1.2%)	
2011	10.68		5.5
	10.56 (98.8%)	0.12 (1.2%)	
2012	10.86		1.7
	10.75 (98.9%)	0.11 (1.1%)	
2013	9.84		−9.4
	9.72 (98.8%)	0.12 (1.2%)	
2014	9.63		−2.2
	9.57 (99.4%)	0.06 (0.6%)	

注:括号内表示占总供水量的比重。

2008—2014 年,十堰市废污水排放量的最大值在 2012 年,为 27829 万吨;最小值在 2008 年,为 20050 万吨;平均值为 24841.6 万吨(见表 2.12)。

表 2.12　通水前(2008—2014 年)十堰市废污水排放情况

(单位:万吨)

年份	排放总量	城镇居民生活	工业	服务业
2008	20050	3810	15263	977
2009	21776	4103	16697	976
2010	27371	4127	22291	953
2011	26015	4195	21036	784
2012	27829	6386	20320	1123
2013	26150	6697	14396	5057
2014	24700	7242	12259	5199

（二）第二阶段：通水后（2015—2018 年）

1. 水资源量与水资源质量

2015 年，十堰市平均降水量 818.1 毫米，折合降水总量 193.4 亿立方米，为平水年，地表水资源量 64.9 亿立方米，地下水资源量 24.4 亿立方米；2016 年，十堰市平均降水量 846.1 毫米，折合降水总量 200.0 亿立方米，为平水年，地表水资源量 66.9 亿立方米，地下水资源量 28.9 亿立方米；2017年，十堰市平均降水量 1140.2 毫米，折合降水总量 269.5 亿立方米，为特丰年，地表水资源量 129.4 亿立方米，地下水资源量 36.2 亿立方米；2018 年，十堰市平均降水量 770.5 毫米，折合降水总量 182.1 亿立方米，为偏枯年，地表水资源量 63.0 亿立方米，地下水资源量 22.6 亿立方米（见表 2.13）。

表 2.13　通水后（2015—2018 年）十堰市水资源情况

年份	平均降水量/毫米	降水总量/亿立方米	地表水资源量/亿立方米	地下水资源量/亿立方米
2015	818.1	193.4	64.9	24.4
2016	846.1	200.0	66.9	28.9
2017	1140.2	269.5	129.4	36.2
2018	770.5	182.1	63.0	22.6

根据十堰市 2015—2018 年的降水量数据，全市年降水量在 182 亿立方米至 270 亿立方米之间，均值为 215 亿立方米。最大值为 2017 年的 269.5 亿立方米，当年受东南季风影响，汉江以南，降水量从西向东递减，竹山县城周边和房县县城周边为低值区；汉江以北，降水量从北向南递减，全市年降水量在 900 毫米至 1200 毫米之间；全市降水量除竹山县、竹溪县、房县中部与常年持平，南部偏少 10% 以外，其他区域降水量比常年偏多 10%—40%，局部偏多 50%。最小值出现在 2018 年，降水量为 182.1 亿立方米。

受气候和地形地貌等因素的影响，降水空间、时间分布不均匀，导致十堰市各年份地表水资源量存在较大差异。其中以 2017 年地表水资源量最多，以 2018 年地表水资源量最少，刚好与降水量的变化相对应。

十堰市 2015—2018 年地下水资源量基本呈减少趋势，但总体较为不稳定，波动大，围绕均值上下波动。地下水资源量的最大值出现在 2017 年，达 36.2 亿立方米；最小值出现在 2018 年，为 22.6 亿立方米。

十堰市 2015—2018 年水资源总量除 2017 年急剧增多外,其余年份变化不大。水资源总量的最大值出现在 2017 年,达 129.44 亿立方米;最小值出现在 2018 年,为 62.97 亿立方米;均值为 81.07 亿立方米。

全市地表水质监测评价河长为 1266.2 公里。其中Ⅲ类水以上的河长 1189.0 公里,占评价河长的 93.9%;污染严重的劣Ⅴ类水河长 77.2 公里,占评价河长的 6.1%。污染严重的河流主要是神定河和泗河。全市纳入省政府考核的 14 个水功能区,按双因子(氨氮、高锰酸盐指数)评价,合格率为 100%;17 个县级以上集中式生活饮用水水源地,合格率为 100%。

2.水资源利用与废污水排放

南水北调工程通水后,十堰市总供水量逐年下降,2015 年的总供水量为 9.97 亿立方米,2018 年降至 9.09 亿立方米,总用水量与总供水量相等(见表 2.14)。

表 2.14　通水后(2015—2018 年)十堰市供用水总量

(单位:亿立方米)

年份	总供水量			总用水量		
	地表水源	地下水源	其他水源	地表水源	地下水源	生态用水
2015	9.97			9.97		
	9.91 (99.4%)	0.06 (0.6%)	0 (0)	8.32	1.60	0.05
2016	9.19			9.19		
	9.16 (99.7%)	0.03 (0.3%)	0 (0)	7.41	1.66	0.12
2017	9.00			9.00		
	8.97 (99.7%)	0.03 (0.3%)	0 (0)	7.25	1.67	0.08
2018	9.09			9.09		
	9.07 (99.8%)	0.02 (0.2%)	0 (0)	7.33	1.67	0.09

注:括号内表示占总供水量的比重。

十堰市 2015—2018 年废污水排放量的最大值在 2018 年,为 2.92 亿吨;最小值在 2016 年,为 2.85 亿吨,年平均值为 2.89 亿吨(见图 2.4)。

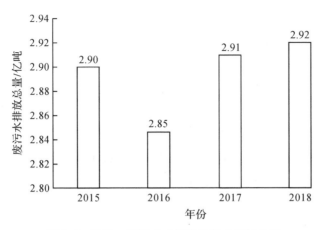

图 2.4 2015—2018 年十堰市废污水排放总量

十堰因车而建、因车而兴，是驰名中外的"东风车"的故乡，是全国闻名的"汽车城"。众多的汽车企业在十堰落户，因此在工业占比较大的情况下，污水排放量也相对较多。为保证"一库清水永续北送"，近年来，十堰紧盯污水治理重点任务，累计建成污水处理厂和水质净化厂 114 座，污水收集管网 2570 余公里。

三、丹江口水库水资源水环境情况①

丹江口库区及上游地区是南水北调中线工程水源区，区域总面积 952 平方千米，地形以山地和丘陵为主。该区域主要属亚热带季风性湿润气候区，多年平均气温为 13.8℃，年均降水量为 873 毫米。

水源区位于秦岭巴山之间，主要河流为汉江和丹江，除汉中盆地外，地貌多为山地、丘陵和河谷，属于北亚热带季风的温暖半湿润气候，四季分明，降水分布不均，立体气候明显。水源区丹江口库区及上游地区位于秦巴、伏牛山区，是南水北调中线工程的水源区。

水源区在向京津及华北地区 130 多个城市供水的同时，还需兼顾本地区的农业和生态用水，其水质状况不仅关系到库区及输水沿线的生活、生产、生态用水安全，而且直接影响中线工程的效率和效益。②

库区自然资源较为丰富。气候湿润，雨量丰沛，年平均降水量为 800—1200 毫米。矿产资源种类较多，已探明具有工业开采价值及储量的矿产有

---

① 除另有说明外，本部分数据均来自历年丹江口市水资源公报。
② 刘辉.丹江口库区及上游水质状况与监测工作建议[J].人民长江,2012(12):20-22.

钼、钒、铅锌、金、汞、重晶石、钛等 40 多种。自然景观独特,人文底蕴深厚,拥有武当山等一批世界级和国家级旅游风景名胜区,以及"两汉三国"文化遗产群等历史遗迹。生态系统独具特色,地域广阔,地形复杂,山高坡陡,山地丘陵面积占 84%,拥有保存完好的亚热带森林生态系统,是我国南北植物区系的过渡带和东西植物区系的交会区域,生物物种多样,森林覆盖率达 48%。[①]

丹江口库区及上游,北部以秦岭与黄河流域为界,东北以伏牛山与淮河流域为界,西南以米仓山与嘉陵江流域为界,东部是南阳盆地,南部有大巴山脉,集水面积 9.52 万平方公里,涉及陕西、河南、湖北、甘肃、四川、重庆 6 省(市)13 个地市 49 个县(市、区)。

(一)第一阶段:通水前(2008—2014 年)

1. 水资源量与水资源质量

2008—2014 年丹江口市水资源量见表 2.15。

2008—2014 年丹江口市三座水库蓄水动态见表 2.16。

表 2.15　2008—2014 年丹江口市水资源量

(单位:亿立方米)

年份	年降水量	地表水资源量	地下水资源量
2008	24.22	6.34	1.87
2009	27.42	8.72	2.23
2010	29.67	12.25	3.01
2011	22.62	6.42	2.19
2012	24.42	7.68	2.77
2013	20.23	5.21	1.69
2014	25.01	6.76	2.19

表 2.16　2008—2014 年丹江口市三座水库蓄水动态

(单位:亿立方米)

年份	丹江口水库		浪河水库		官山水库	
	年末蓄水量	蓄水变量	年末蓄水量	蓄水变量	年末蓄水量	蓄水变量
2008	139.14	—	—	—	—	—
2009	121.70	—	0.09	—	0.09	—
2010	114.51	−7.19	0.07	0.02	0.02	−0.02
2011	163.58	49.07	0.11	0.03	0.05	0.03

---

① 数据来自《丹江口库区及上游地区经济社会发展规划》。

年份	丹江口水库		浪河水库		官山水库	
	年末蓄水量	蓄水变量	年末蓄水量	蓄水变量	年末蓄水量	蓄水变量
2012	115.90	−47.68	0.06	−0.04	0.09	0.04
2013	79.02	−36.88	0.13	0.06	0.10	0.01
2014	191.89	112.87	0.13	—	0.11	0.01

注：2008 年、2009 年浪河水库、官山水库年末蓄水量分别合计为 0.088 亿立方米和 0.094亿立方米。

根据历年十堰市水资源公报,2008—2014 年丹江口水库水质、水功能区水质达标评价及主要饮用水水源地水质如下。

经全年期监测评价,2008 年,丹江口水库水质优良,全年综合评价为 Ⅰ类,其中非汛期水质良好,水质为 Ⅱ类;根据湖泊、水库富营养化评分标准,丹江口水库为"中营养"。2009—2014 年,丹江口水库水质均为Ⅱ类;从水库的富营养化程度看,丹江口水库均为"中营养"。

经水功能区监测,2008—2014 年丹江口水库调水水源地保护区水质均达标。

经主要饮用水水源地水质监测、评价,2010—2014 年丹江口水库全年水质合格率均为 100%。2008 年、2009 年十堰市水资源公报未公布该项指标。

2. 水资源利用与废污水排放

2008—2014 年丹江口市供用水量见表 2.17。

2008—2014 年丹江口市废污水排放情况见表 2.18。

表 2.17　2008—2014 年丹江口市供用水量

（单位：亿立方米）

年份	总供水量		总用水量				
	地表水	地下水	农业	工业	居民生活	城镇公共	公共与环境
2008	2.42		2.42				
	2.40 (99.2%)	0.02 (0.8%)	1.11	1.14	0.14	0.02	—
2009	2.19		2.19				
	2.18 (99.5%)	0.01 (0.5%)	1.04	0.97	0.16	0.02	—
2010	2.41		2.41				
	2.40 (99.6%)	0.01 (0.4%)	0.56	1.66	0.17	0.02	—
2011	2.66		2.66				
	2.65 (99.6%)	0.01 (0.4%)	0.82	1.66	0.16	0.02	0.003
2012	2.60		2.60				
	2.59 (99.6%)	0.01 (0.4%)	0.82	1.60	0.17	0.02	0.004

续表

年份	总供水量		总用水量				
	地表水	地下水	农业	工业	居民生活	城镇公共	公共与环境
2013	1.96		1.96				
	1.95 (99.5%)	0.01 (0.5%)	0.75	0.97	0.16	0.07	0.00
2014	1.98		1.98				
	1.97 (99.5%)	0.01 (0.5%)	0.78	0.93	0.18	0.08	0.00

注:括号内表示占总供水量的比重。

表 2.18　2008—2014 年丹江口市废污水排放量

(单位:万吨)

年份	排放总量	城镇居民生活	第二产业	第三产业	入河废污水量
2008	6431	561	5751	119	4502
2009	5698	679	4884	135	3989
2010	8395	683	7580	132	5877
2011	8281	605	7581	95	5797
2012	8099	724	7270	105	5670
2013	5651	703	4430	518	3956
2014	5609	811	4232	566	3926

　　2012 年 9 月 30 日,国务院印发《关于丹江口库区及上游地区经济社会发展规划的批复》,同意《丹江口库区及上游地区经济社会发展规划》,从发展背景、总体要求、空间布局、生态安全、产业发展、基础设施、社会事业、保障措施等八个方面,明确了当前和今后一个时期指导丹江口库区及上游地区经济社会发展的行动纲领和编制相关规划的重要依据。

(二)第二阶段:通水后(2015—2018 年)

1.水资源量与水资源质量

2015—2018 年丹江口市水资源量见表 2.19。

表 2.19　2015—2018 年丹江口市水资源量

(单位:亿立方米)

年份	年降水量	地表水资源量	地下水资源量
2015	20.86	4.59	1.80
2016	25.48	7.73	2.54
2017	30.26	12.19	2.86
2018	20.72	4.34	1.65

2015—2018 年丹江口市水资源总量见图 2.5。

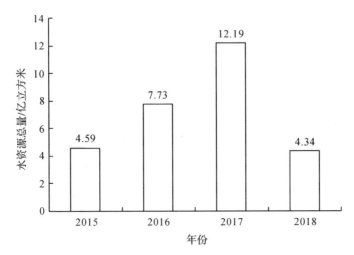

图 2.5 2015—2018 年丹江口市水资源总量

2015—2018 年丹江口市三座水库蓄水动态见表 2.20。

表 2.20 2015—2018 年丹江口市蓄水动态

(单位:亿立方米)

年份	丹江口水库		浪河水库		官山水库	
	年末蓄水量	蓄水变量	年末蓄水量	蓄水变量	年末蓄水量	蓄水变量
2015	143.40	−48.49	0.12	−0.01	0.11	0.00
2016	157.28	13.88	0.15	0.03	0.12	0.01
2017	245.64	88.36	0.12	−0.03	0.11	−0.00
2018	154.90	−94.74	0.14	0.02	0.10	−0.01

根据历年十堰市水资源公报,2015—2018 年丹江口水库水质、水功能区水质达标评价及主要饮用水水源地水质如下。

经全年期监测评价,2015—2018 年丹江口水库水质均为 II 类,从水库的富营养化程度看,丹江口水库均为"中营养"。

经水功能区监测,按照双因子(高锰酸盐指数和氨氮)评价,2015—2018 年汉江丹江口水库调水水源地保护区水质达标率均为 100%。

经集中式生活饮用水水源地水质监测、评价,2015—2018 年丹江口水库水质均达到 III 类标准以上,全年合格率均为 100%。

2.水资源利用与废污水排放

2015—2018 年丹江口市供用水量见表 2.21。

2015—2018 年丹江口市废污水排放量见表 2.22。

表 2.21 2015—2018 年丹江口市水资源利用情况

（单位：亿立方米）

年份	总供水量		总用水量				
	地表水	地下水	农业	工业	居民生活	城镇公共	生态环境
2015	1.96		1.96				
	1.95 (99.5%)	0.01 (0.5%)	0.68	0.88	0.18	0.21	0.00
2016	1.91		1.91				
	1.91 (100%)	0.00 (0%)	0.60	0.92	0.20	0.19	0.01
2017	1.82		1.82				
	1.82 (100%)	0.00 (0%)	0.46	0.90	0.19	0.26	0.01
2018	1.94		1.94				
	1.94 (100%)	0.00 (0%)	0.49	0.99	0.19	0.26	0.01

注：括号内表示占总供水量的比重。

表 2.22 2015—2018 年丹江口市废污水排放量

（单位：万吨）

年份	排放总量	城镇居民生活	第二产业	第三产业
2015	6369	832	4015	1522
2016	6346	857	4207	1282
2017	6731	797	4126	1808
2018	7183	818	4516	1849

丹江口市污水来自工业废水、生活污水和农田径流等。丹江口水库水质不仅直接影响南水北调中线工程综合效益的发挥，而且密切关系水源区

与受水区人民群众的饮水安全。经过"十二五"时期丹江口水源区水污染防治工作的努力,污染源得到进一步控制,水源涵养能力有所增强,库区水功能区划完成,纳入考核断面的水质达标率达90%以上。

第二节　受水区水资源水环境情况

全面通水以来,通过科学调度,南水北调中线工程年调水量从20多亿立方米持续攀升至90亿立方米。中线工程供水已成为沿线大中城市新的生命线,其中北京城区七成以上供水为南水北调水,天津主城区供水几乎全部为南水北调水,河南、河北的供水安全保障水平在全面通水后都得到了显著提升。通过长期持续加强水源区水质安全保护,丹江口水库和中线干线自通水以来,地表水水质一直稳定在Ⅱ类标准及以上。中线一期工程向沿线河流湖泊补水,受水区河湖生态环境复苏效果明显。[1]

一、河南省水资源水环境情况[2]

(一)水资源量与水资源质量

河南省地处暖温带和亚热带气候过渡区,气候具有明显的过渡特征。我国暖温带和亚热带的地理分界线——秦岭至淮河线正好贯穿河南省境内的伏牛山脊和淮河沿岸,此线以南的信阳、南阳及驻马店部分地区属亚热带湿润、半湿润季风气候区,以北属暖温带季风气候区。河南的降水与气温同步,年均降水量600—1200毫米,淮河以南1000—1200毫米,黄淮之间(包括豫西山区)700—900毫米,豫北及豫西黄土地区600—700毫米,南阳盆地750—850毫米,从南向北呈递减趋势。受季风影响,降水年内很不均匀,雨量集中在6—9月,占全年降水量的50%—60%,而且降水强度大,在多暴雨区如鲁山、太行山、伏牛山东麓一带,常出现洪涝灾害。冬季全省降水量都很少。黄河以北和豫西伊洛河流域,秋季降水多于春季;北纬33°以南地区,

---

①　王浩.南水北调中线累计调水逾500亿立方米[N].人民日报,2022-07-26.

②　除另有说明外,本部分数据均来自历年河南省水资源公报。

春季降水大于秋季。

总体来看,2014—2016 年属河南省降水量平水年份,2017 年属偏丰年份,2018 年属平水稍偏枯年份。

2014—2018 年河南省地表水资源量的最大值出现在 2017 年,达 311.24 亿立方米;最小值出现在 2014 年,为 177.40 亿立方米。与常年值相比,只有 2017 年是正值,且只多 2.4%,其他三年都是负值,降幅达 41% 以上,这与 2014—2018 年河南省降水量是相吻合的。地下水资源量的最大值出现在 2017 年,达 206.54 亿立方米;最小值出现在 2014 年,为 166.84 亿立方米。从整体上看,其间地下水资源量变化幅度不是很大,除 2017 年达到 206.54 亿立方米,其他年份均在 200 亿立方米以下,详见表 2.23。

表 2.23 2014—2018 年河南省地表、地下水资源量

(单位:亿立方米)

年份	地表水资源量	地下水资源量	
		山丘区	平原区
2014	177.40	166.84	
		57.55	121.84
2015	186.70	173.07	
		70.70	116.37
2016	220.10	190.20	
		65.80	137.40
2017	311.24	206.54	
		81.79	138.40
2018	241.70	188.00	
		76.90	121.00

2014—2018 年河南省水资源总量的最大值出现在 2017 年,达 423.06 亿立方米;最小值出现在 2014 年,为 283.37 亿立方米(见图 2.6)。2014—2018 年河南省水资源总量与河南省降水量、地表水资源量、地下水资源量的

变化趋势是一致的,即最大值都出现在 2017 年,最小值都出现在 2014 年。其间,河南省产水模数与水资源总量呈正相关,即水资源总量越多,产水模数也越大。

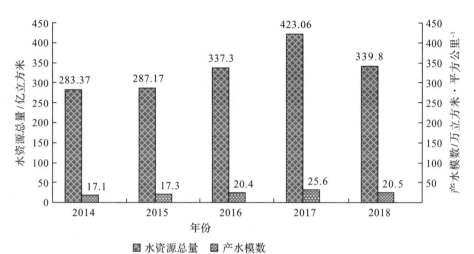

图 2.6　2014—2018 年河南省水资源总量

2014—2018 年河南省水质评价见图 2.7。

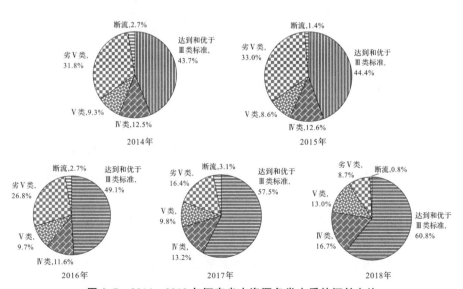

图 2.7　2014—2018 年河南省水资源各类水质的河长占比

2014 年水质达到和优于Ⅲ类标准的河长 2124.9 公里,占总河长的

43.7%;水质为Ⅳ类的河长608.3公里,占总河长的12.5%;水质为Ⅴ类的河长454.0公里,占总河长的9.3%;水质为劣Ⅴ类的河长为1514.8公里,占总河长的31.8%;断流河长129.2公里,占总河长的2.7%。

2015年水质达到和优于Ⅲ类标准的河长2146.6公里,占总河长的44.4%;水质为Ⅳ类的河长609.2公里,占总河长的12.6%;水质为Ⅴ类的河长418.3公里,占总河长的8.6%;水质为劣Ⅴ类的河长1597.2公里,占总河长的33.0%;断流河长67.5公里,占总河长的1.4%。

2016年水质达到和优于Ⅲ类标准的河长2377.2公里,占总河长的49.1%;水质为Ⅳ类的河长563.4公里,占总河长的11.6%;水质为Ⅴ类的河长467.4公里,占总河长的9.7%;水质为劣Ⅴ类的河长1298.1公里,占总河长的26.8%;断流河长132.7公里,占总河长的2.7%。①

2017年水质达到和优于Ⅲ类标准的河长3633.1公里,占总河长的57.5%;水质为Ⅳ类的河长837.2公里,占总河长的13.2%;水质为Ⅴ类的河长623.0公里,占总河长的9.8%;水质为劣Ⅴ类的河长1039.1公里,占总河长的16.4%;断流河长194公里,占总河长的3.1%。

2018年水质达到和优于Ⅲ类标准的河长3846.7公里,占总河长的60.8%;水质为Ⅳ类的河长1058.4公里,占总河长的16.7%;水质为Ⅴ类的河长820.2公里,占总河长的13.0%;水质为劣Ⅴ类的河长548.1公里,占总河长的8.7%;断流河长53公里,占总河长的0.8%。

(二)水资源利用与废污水排放

2014—2018年河南省总供水量的最大值出现在2018年,达234.60亿立方米;2017年次之,为233.80亿立方米;最小值出现在2014年,为209.29亿立方米,这与水资源总量的变化趋势基本一致,即水资源总量越多,总供水量越多。2014—2018年河南省总用水量的最大值出现在2018年,达234.60亿立方米;最小值出现在2014年,为209.29亿立方米。这与总供水量的变化趋势一致,即最大值都在2018年,最小值都在2014年。其中,农田灌溉用水量最多,工业用水量次之,林牧渔蓄用水量最少(详见表2.24)。

2014—2016年河南省废污水排放总量基本持平,详见表2.25。

---

① 在计算相关比例时,因四舍五入存在相加为99.9%和100.1%的情况,为保持数据的原始性,本书保留不足或超出的情况。

表 2.24　2014—2018 年河南省供用水量

(单位:亿立方米)

年份	总供水量			总用水量				
	地表水	地下水	其他	农田灌溉	林牧渔蓄	工业	城市生活	农村生活
2014	209.29			209.29				
	88.62 (42.4%)	119.38 (57.0%)	1.29 (0.6%)	104.27	8.43	52.60	27.14	16.96
2015	222.83			222.83				
	100.57 (45.1%)	120.65 (54.1%)	1.61 (0.8%)	110.90	9.19	52.51	32.41	17.82
2016	227.60			227.60				
	105.00 (46.1%)	119.80 (52.6%)	2.80 (1.2%)	110.60	15.00	50.30	38.80	12.90
2017	233.80			233.80				
	113.10 (48.4%)	115.50 (49.4%)	5.10 (2.2%)	108.50	14.30	51.00	35.60	24.40
2018	234.60			234.60				
	112.40 (47.9%)	116.00 (49.5%)	6.20 (2.6%)	105.70	14.20	50.40	64.30	

注:括号内表示占总供水量的比重。

表 2.25　2014—2018 年河南省废污水排放量

(单位:亿吨)

年份	排放总量	工业和建筑业	城市综合生活
2014	52.27	36.02	16.25
2015	53.29	35.84	17.45
2016	56.90	37.80	19.20
2017			
2018			

注:2017 年、2018 年河南省水资源公报未公布废污水排放量。

二、河北省水资源水环境情况[①]

(一)水资源量与水资源质量

河北省地处半干旱半湿润的温带大陆性气候区,春、冬两季受西北高压冷气流影响,寒冷干燥少雨雪;夏季受亚热带高压和西南气流控制有降水形成,但自 20 世纪 50 年代以来,由于天气变化异常,副热带高压和西南气流长期不能与西北气流相遇,故夏季少雨;秋季由于只受西北气流的控制,降

[①] 除另有说明外,本部分数据均来自历年湖北省水资源公报。

水少。这种气候特点使河北省成为全国水资源最缺乏的省份之一,全省多年(1956—1984 年)平均年降水量为 540.8 毫米。作为南水北调受水区的河北省中南部平原地区,是由黄河泛滥冲积而成的大平原,地面开阔,地势平坦,古河道发育,属半干旱半湿润季风气候区,年均仅降水量 550 毫米,降水季节分配不均。水系归属与海河南系流域相符(全在平原部分),水资源供给严重不足。

总体来看,2014 年、2017 年属河北省降水量的偏枯年份,2015 年、2018 年属平水年份,2016 年属偏丰年份。

2014—2018 年,河北省降水量最大值出现在 2016 年,为 595.9 亿立方米;最小值出现在 2014 年,为 408.2 亿立方米。降水量的整体变化趋势较平缓。

2014—2018 年,河北省地表水资源量的最大值出现在 2016 年,为 105.94亿立方米;最小值出现在 2014 年,为 46.94 亿立方米。地表水资源量与常年平均值相比,均是负值,最大降幅为 73.23%,最小降幅为 14.23%。地下水资源量的最大值出现在 2016 年,为 154.71 亿立方米,最小值出现在 2014 年,为 89.19 亿立方米。平原区的地下水资源量增长幅度较快,山丘区的有一定的增长,但幅度相对平缓,详见表 2.26。

表 2.26 2014—2018 年河北省地表、地下水资源量

(单位:亿立方米)

年份	地表水资源量	地下水资源量	
		山丘区	平原区
2014	46.94	89.19	
		51.59	50.32
2015	50.92	113.56	
		52.42	74.21
2016	105.94	154.71	
		71.06	96.74
2017	59.95	116.34	
		55.51	75.09
2018	85.32	124.41	
		62.15	77.97

2014—2018 年,河北省水资源总量的最大值出现在 2016 年,达 208.31亿立方米;最小值出现在 2014 年,为 106.14 亿立方米。水资源总量的变化趋势与降水量、地表水资源量、地下水资源量的变化趋势一致,即最大值都

出现在 2016 年,最小值都出现在 2014 年。产水模数与水资源总量呈正相关,即水资源总量越多,产水模数越大,如图 2.8 所示。

2014—2018 年河北省水质评价见图 2.9。

图 2.8 2014—2018 年河北省水资源总量

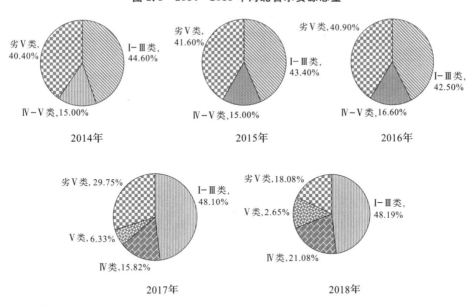

图 2.9 2014—2018 年河北省水资源各类水质的河长占比

注:2017—2018 年数据来自当年河北省生态环境状况公报,其余年份数据来自当年河北省水资源公报。

2014 年,河北省有水的地表水质监测河流总长度为 8539 公里,其中

Ⅰ—Ⅲ类水质河长 3806 公里,占总河长的 44.6%;Ⅳ—Ⅴ类水质河长 1282 公里,占总河长的 15.0%;劣Ⅴ类水质河长 3451 公里,占总河长的 40.4%。

2015 年,河北省有水的地表水质监测河流总长度为 8255 公里,其中Ⅰ—Ⅲ类水质河长 3587 公里,占总河长的 43.4%;Ⅳ—Ⅴ类水质河长 1234 公里,占总河长的 15.0%;劣Ⅴ类水质河长 3434 公里,占总河长的 41.6%。

2016 年,河北省有水的地表水质监测河流总长度为 9094 公里,其中Ⅰ—Ⅲ类水质河长 3865 公里,占总河长的 42.5%;Ⅳ—Ⅴ类水质河长 1513 公里,占总河长的 16.6%;劣Ⅴ类水质河长 3716 公里,占总河 40.9%。

2017 年,河北省河流水质总体为中度污染。Ⅱ类水质比例为 48.10%,Ⅳ类水质比例为 15.82%,Ⅴ类水质比例为 6.33%,劣Ⅴ类水质比例为 29.75%,与上年相比基本持平。

2018 年,河北省河流八大水系水质总体为轻度污染。Ⅰ—Ⅲ类水质比例为 48.19%,Ⅳ类水质比例为 21.08%,Ⅴ类水质比例为 12.65%,劣Ⅴ类水质比例为 18.08%,与上年相比水质有所好转。

(二)水资源利用与废污水排放

2014—2018 年河北省总供水量的最大值出现在 2014 年,达 192.82 亿立方米;最小值出现在 2017 年,为 181.56 亿立方米。在总供水量中,地表水源占比、其他水源占比(除 2017 年)都呈逐年上升趋势,上升趋势较平缓;地下水源占比呈逐年下降趋势,下降趋势较快,从 2014 年的 73.7% 下降到 2018 年的 58.18%。2014—2018 年河北省总用水量的最大值出现在 2014 年,达 192.82 亿立方米;最小值出现在 2017 年,为 181.56 亿立方米。这与 2014—2018 年河北省总供水量的变化趋势一致,即最大值都在 2014 年,最小值都在 2017 年。其中,农田灌溉用水量最多,工业用水量次之,城镇公共用水量最少,详见表 2.27。

表 2.27　2014—2018 年河北省水资源利用情况

(单位:亿立方米)

年份	总供水量			总用水量					
	地表水	地下水	其他	农田灌溉	林牧渔畜	工业	城镇公共	居民生活	生态环境
2014	192.82			192.82					
	46.79 (24.30%)	142.07 (73.70%)	3.96 (2.00%)	128.45	10.72	24.48	4.83	19.28	5.06

年份	总供水量			总用水量					
	地表水	地下水	其他	农田灌溉	林牧渔畜	工业	城镇公共	居民生活	生态环境
2015	187.19			187.19					
	48.71 (26.02%)	133.59 (71.36%)	4.89 (2.62%)	124.18	11.05	22.53	4.93	19.50	5.00
2016	182.57			182.57					
	51.47 (28.19%)	125.03 (68.48%)	6.07 (3.32%)	116.99	11.01	21.94	5.20	20.71	6.72
2017	181.56			181.56					
	59.47 (32.76%)	115.92 (63.85%)	6.17 (3.39%)	114.31	11.78	20.33	5.22	21.75	8.17
2018	182.42			182.42					
	70.44 (38.61%)	106.15 (58.18%)	5.83 (3.21%)	109.87	11.21	19.08	4.93	22.82	14.51

注:括号内表示占总供水量的比重。

河北省 2014 年废污水排放量为 30.98 亿吨;2015 年废污水排放量为 31.10 亿吨,废污水处理总量为 22.22 亿吨,其中污水处理厂处理量为 21.97 亿吨。废污水中主要污染物排放量逐年下降,其中化学需氧量自 2017 年开始大幅下降。详见表 2.28。

表 2.28 2014—2018 年河北省废污水排放量及废污水中主要污染物排放量

年份	排放总量/亿吨	废污水中主要污染物排放量/万吨	
		化学需氧量	氨氮
2014	30.98	126.85	10.27
2015	31.10	120.81	9.73
2016	—		
2017	—	48.7	7.1
2018	—	44	6.3

注:数据来自 2014 年、2015 年河北省水资源公报和 2014 年、2015 年、2017 年、2018 年河北省生态环境状况公报,2016—2018 年废污水排放总量未在当年河北省水资源公报中公布;2016 年废污水中主要污染物排放量未在当年河北省生态环境状况公报中公布。

三、北京市水资源水环境情况①

(一)水资源量与水资源质量

北京市是以地下水为主要供水水源的大城市,人均年水资源量不足150立方米,水资源短缺问题严重制约着城市发展,南水北调中线工程的实施为解决北京市水资源问题提供了巨大帮助。南水北调中线工程通水后,北京市一是利用南水重点解决了供水缺口,保障了工业发展及居民生活;二是将水存于水库等地表水体;三是向河湖生态环境进行补水;四是利用南水北调余水回补涵养亏损多年的地下水。全面通水后,北京市供水状况发生了较大改善,南水在解决北京市城市供水紧张局面的前提下,逐步缓解地下水持续超采问题,并将逐步解决环境地质问题,北京的生态环境也得以逐步改善。

2014—2018年,北京市降水量最大值出现在2016年,其值为660毫米,最小值出现在2014年,其值为439毫米。总体来看,北京市降水量的变化幅度不大。

2014—2018年,北京市地表水资源量的最大值出现在2018年,达14.32亿立方米;2016年次之,为14.01亿立方米;最小值出现在2014年,为6.45亿立方米。与常年平均值相比,均呈负值,最大降幅为63.6%,最小降幅为19.2%。地下水资源量的最大值出现在2018年,达21.14亿立方米;最小值出现在2014年,为13.8亿立方米,详见表2.29。

表2.29 2014—2018年北京市地表、地下水资源量

(单位:亿立方米)

年份	地表水资源量	地下水资源量
2014	6.45	13.8
2015	9.32	17.44
2016	14.01	21.05
2017	12.03	17.74
2018	14.32	21.14

2014—2018年北京市水资源总量为20亿—36亿立方米,其中2014年水资源总量最少,为20.25亿立方米;2018年水资源总量最多,为35.46亿

---

① 除另有说明外,本部分数据均来自历年北京市水资源公报。

立方米(见图 2.10)。水资源总量与降水量、地表水资源量、地下水资源量的变化趋势基本一致,即降水量、地表水资源量、地下水资源量等较多的年份,水资源总量也相对较多。其间,北京市水资源总量与常年值相比均呈负值,最大降幅为 46%,最小降幅为 5%。

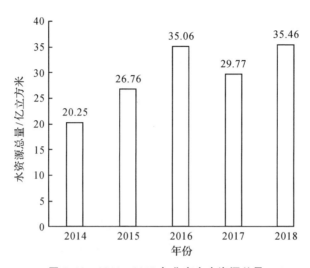

图 2.10 2014—2018 年北京市水资源总量

2014—2018 年北京市水质评价见图 2.11。

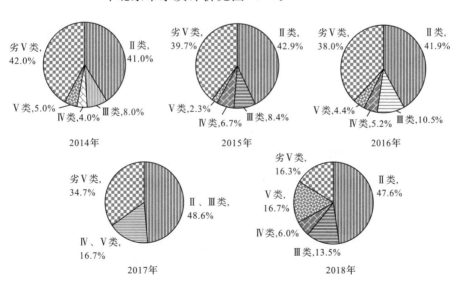

图 2.11 2014—2018 年北京市水资源各类水质的河长占比

注:2017 年数据来自当年北京市环境状况公报,其余年份数据来自当年北京市水资源公报。

2014—2016 年,北京市地表水水质监测站点共 221 个,监测河段 104 个、湖泊 22 个、大中型水库 18 座,年监测频率 12 次。依据《地表水环境质量标准》(GB 3838—2002),采用单一指标评价方法进行评价。

2014 年,河道监测总河长 2545.6 公里,其中常年有水河长(总评价河长)2351.2 公里。有水河长中,达到水功能区水质标准的河长占总评价河长的 47.0%。大中型水库除官厅水库水质为Ⅳ类水质外,其他均为Ⅰ—Ⅲ类水质。达标蓄水量 13.80 亿立方米,占总蓄水量的 83.8%。监测湖泊总面积 719.6 公顷,符合Ⅱ—Ⅲ类水质标准的面积 431.6 公顷,占总评价面积的 60.0%,符合Ⅳ—Ⅴ类水质标准的面积 197.0 公顷,占总评价面积的 27.0%,劣于Ⅴ类水质标准的面积 91.0 公顷,占总评价面积的 13.0%。达标面积为 488.6 公顷,占总评价面积的 68.0%。

2015 年,河道监测总河长 2545.6 公里,其中有水河长 2325.9 公里。达标河长 1242.0 公里,占总评价河长的 53.4%。大中型水库除官厅水库水质为Ⅳ水质类外,其他均为Ⅱ—Ⅲ类水质。达标蓄水量 11.19 亿立方米,占总蓄水量的 80.0%。监测湖泊总面积 719.6 公顷,符合Ⅱ—Ⅲ类水质标准的面积为 571.6 公顷,占总评价面积的 79.4%;符合Ⅳ—Ⅴ类水质标准的面积为 148.0 公顷,占总评价面积的 20.6%。达标面积为 625.6 公顷,占总评价面积的 86.9%。

2016 年,河道监测总河长 2545.6 公里,其中有水河长 2325.9 公里。达标河长 1228.3 公里,占总评价河长的 52.8%。大中型水库除官厅水库水质为Ⅳ水质类外,其他均为Ⅱ—Ⅲ类水质。达标蓄水量 15.14 亿立方米,占总蓄水量的 80.1%。监测湖泊总面积 719.6 公顷,符合Ⅱ—Ⅲ类水质标准的面积为 527.6 公顷,占总评价面积的 73.3%;符合Ⅳ—Ⅴ类水质标准的面积为192.0公顷,占评价面积的 26.7%。达标面积为 650.6 公顷,占总评价面积的 90.4%。

2017 年,共监测五大水系有水河流 98 条段,长 2433.5 公里。监测有水水库 18 座,总蓄水量 25.2 亿立方米,其中,Ⅱ类、Ⅲ类水质水库占监测总库容的 82.5%,Ⅳ类水质水库占监测总库容的 17.5%。监测有水湖泊 22 个,水面面积 719.6 万平方米,其中,Ⅱ—Ⅲ类水质湖泊面积占总监测面积的 47.6%,Ⅳ—Ⅴ类水质湖泊面积占总监测面积的 40.7%,劣Ⅴ类水质湖泊面积占总监测面积的 11.7%。

2018年,河道监测总河长2545.6公里,其中有水河长2399.8公里。达标河长为1717.4公里,占总评价河长的71.6%。大中型水库除官厅水库水质为Ⅳ类水质外,其他均为Ⅱ—Ⅲ类水质。达标蓄水量25.81亿立方米,占总蓄水量的84.5%。监测湖泊总面积719.6公顷,符合Ⅱ—Ⅲ类水质标准的面积607.6公顷,占总评价面积的84.4%;符合Ⅳ—Ⅴ类水质标准的面积112.0公顷,占总评价面积的15.6%。达标面积为691.6公顷,占总评价湖泊面积的96.1%。

(二)水资源利用与废污水排放

2014—2018年,北京市的总供水量总体上呈逐年上升趋势,2018年略有下降(见表2.30),其他水源的占比较大。2014年南水北调供水占北京市总供水量的2.0%,2015—2018年南水北调供水占北京市总供水量的比重均超过20.0%。总用水量变化趋势与总供水量一致,其中生活用水和环境用水均在增加,但幅度较小,工业用水和农业用水均在减少。

表 2.30　2014—2018 年北京市水资源利用情况

(单位:亿立方米)

年份	总供水量			总用水量			
	地表水	地下水	其他	生活	环境	工业	农业
2014	37.5			37.5			
	8.5 (23%)	19.6 (52%)	9.4 (25%)	17.0	7.2	5.1	8.2
2015	38.2			38.2			
	2.9 (8%)	18.2 (47%)	17.1 (45%)	17.5	10.4	3.8	6.5
2016	38.8			38.8			
	2.9 (7%)	17.5 (45%)	18.4 (48%)	17.8	11.1	3.8	6.1
2017	39.5			39.5			
	3.6 (9%)	16.6 (42%)	19.3 (49%)	18.3	12.6	3.5	5.1
2018	39.3			39.3			
	3.0 (8%)	16.2 (41%)	20.1 (51%)	18.4	13.4	3.3	4.2

注:括号内表示占总供水量的比重。

　　根据表 2.31 可知,2014—2018 年,北京市废污水排放总量逐年增加,中心城废污水处理率亦逐年上升,2018 年达到 99%。

表 2.31　2014—2018 年北京市废污水排放量和废污水处理率

年份	排放总量/亿立方米	中心城废污水处理率/%
2014	16.15	97.0
2015	16.40	98.0
2016	17.00	98.0
2017	——	98.5
2018	20.40	99.0

　　注:数据来自 2014 年、2015 年、2016 年、2018 年北京市水资源公报和 2014—2018 年北京市环境状况公报,2017 年北京市废污水排放量未在当年北京市水资源公报中公布。

四、天津市水资源水环境情况[①]

(一)水资源量与水资源质量

　　天津市位于中纬度亚欧大陆东岸,主要受季风环流的支配,是东亚季风盛行的地区,属温带季风气候。全年降水较多。多年平均降水总量为 550—600 毫米,降水季节性明显,主要集中在夏季,约占全年降水量的 72%。年平均降水天数为 64—73 天,日降水量在 50 毫米及以上的暴雨,主要出现在 7 月和 8 月,降水的过度集中导致较易出现积涝和洪水。

　　2014 年、2015 年、2017 年属天津市降水量的偏枯年份,2018 年属平水年份,2016 年属偏丰年份。

　　2014 年、2015 年、2017 年天津市的地表水资源量与常年值相比较少,2016 年、2018 年的地表水资源与常年值相比较多。2014 年地表水资源量最少,为 8.33 亿立方米;2016 年地表水资源量最多,达 14.10 亿立方米。地下水资源量整体呈上升趋势(除 2017 年有所下降外),其中平原区的地下水资源量整体呈上升趋势(除 2017 年有所下降外),山丘区地下水资源量整体比较平缓(见表 2.32)。

---

　　① 　除另有说明外,本部分数据均来自历年天津市水资源公报。

表 2.32 2014—2018 年天津市地表、地下水资源量

（单位：亿立方米）

年份	地表水资源量	地下水资源量	
		山丘区	平原区
2014	8.33	3.67	
		0.70	3.31
2015	8.70	4.87	
		0.68	4.46
2016	14.10	6.08	
		0.87	5.40
2017	8.80	5.54	
		0.77	4.90
2018	11.76	7.33	
		0.92	6.54

2014—2018 年，天津市水资源总量的变化趋势整体上与地表水资源量、地下水资源量的变化趋势一样，详见图 2.12。水资源总量与平均单位面积产水量也呈正相关，即水资源总量多的年份，平均单位面积产水量也相对较多。

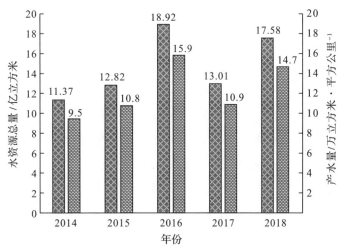

图 2.12 2014—2018 年天津市水资源总量

2014—2018年天津市水质评价见图2.13。

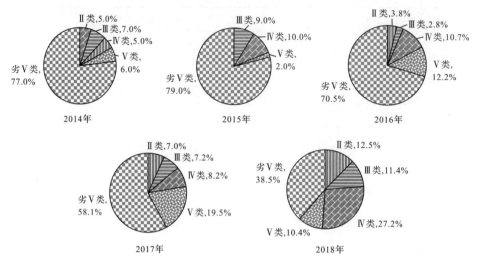

图 2.13 2014—2018 年天津市水资源各类水质的河长占比

2014 年,天津市全年评价河长为 1707.6 公里,其中,Ⅱ类水河长占总评价河长的 5%,Ⅲ类水河长占 7%,Ⅳ类水河长占 5%,Ⅴ类水河长占 6%,劣Ⅴ类水河长占 77%。Ⅱ—Ⅲ类水河长占总评价河长的 12%,比 2013 年增长了 6.4 个百分点。劣Ⅴ类水河长比例比 2013 年增长了 4.3 个百分点,主要污染物为总磷、氨氮、五日生化需氧量和高锰酸盐指数。

2015 年,全年评价河长为 1668.5 公里,其中,Ⅲ类水河长占总评价河长的 9%,Ⅳ类水河长占 10%,Ⅴ类水河长占 2%,劣Ⅴ类水河长占 79%。Ⅱ—Ⅲ类水河长比例比 2014 年下降了 3 个百分点,Ⅳ类水河长比例增长了 5 个百分点,Ⅴ类水河长比例下降了 4 个百分点,劣Ⅴ类水河长比例增长了 2 个百分点,主要污染物为总磷、氨氮、高锰酸盐指数和氟化物。

2016 年,全年评价河长为 1722.0 公里,其中Ⅱ类水河长占总评价河长的 3.8%,Ⅲ类水河长占 2.8%,Ⅳ类水河长占 10.7%,Ⅴ类水河长占 12.2%,劣Ⅴ类水河长占 70.5%。Ⅱ—Ⅲ类水河长比例比 2015 年下降了 2.4 个百分点,Ⅳ类水河长比例增长了 0.7 个百分点,Ⅴ类水河长比例增长了 10.2 个百分点,劣Ⅴ类水河长比例下降了 8.5 个百分点,主要污染物为总磷、氨氮、高锰酸盐指数和氟化物。

2017 年,全年评价河长为 1657.5 公里,其中Ⅱ类水河长占总评价河长的7.0%，Ⅲ类水河长占7.2%，Ⅳ类水河长占8.2%，Ⅴ类水河长占19.5%，劣Ⅴ类水河长占58.1%。Ⅱ—Ⅲ类水河长比例比2016年增长了7.6个百分点，Ⅳ类水河长比例下降了2.5个百分点，Ⅴ类水河长比例增长了7.3个百分点，劣Ⅴ类水河长比例下降了12.4个百分点，主要污染物为总磷、氨氮和高锰酸盐指数。

2018年，全年评价河长为1661公里，其中Ⅱ类水河长占总评价河长的12.5%，Ⅲ类水河长占11.4%，Ⅳ类水河长占27.2%，Ⅴ类水河长占10.4%，劣Ⅴ类水河长占38.5%。Ⅱ—Ⅲ类水河长比例比2017年增长了9.7个百分点，Ⅳ类水河长比例增长了19.0个百分点，Ⅴ类水河长比例下降了9.1个百分点，劣Ⅴ类水河长比例下降了19.6个百分点，主要污染物为总磷、氨氮、高锰酸盐指数和化学需氧量。

2014年，对天津市于桥水库、尔王庄水库、北大港水库及团泊洼水库进行了水质监测评价，于桥水库及尔王庄水库全年水质均好于Ⅱ类，北大港水库及团泊洼水库全年水质均劣于Ⅴ类，主要污染物为氟化物、氨氮、五日生化需氧量和高锰酸盐指数。于桥水库富营养化程度为"轻度富营养"，尔王庄水库为"中营养"，北大港水库及团泊洼水库为"中度富营养"。2015年，对天津市于桥水库、尔王庄水库、北大港水库及团泊洼水库进行了水质监测评价，其中北大港水库库干，于桥水库及尔王庄水库全年水质均好于Ⅲ类，团泊洼水库全年水质劣于Ⅴ类，主要污染物为氟化物、氨氮、高锰酸盐指数。于桥水库和尔王庄水库富营养化程度为"轻度富营养"，团泊洼水库为"中度富营养"。2016年，对于桥水库、尔王庄水库、北大港水库及团泊洼水库进行了水质监测评价，于桥水库及尔王庄水库全年水质为Ⅰ类，北大港水库全年水质为Ⅴ类，团泊洼水库全年水质劣于Ⅴ类，主要污染物为氟化物、氨氮、高锰酸盐指数、生化需氧量和总磷。尔王庄水库富营养化状态为"中营养"，于桥水库为"轻度富营养"，北大港水库和团泊洼水库均为"中度富营养"。2017年，对于桥水库、尔王庄水库、北大港水库及团泊洼水库进行了水质监测评价，于桥水库及尔王庄水库全年水质均好于Ⅲ类，团泊洼水库全年水质为Ⅴ类，北大港水库全年水质劣于Ⅴ类，主要污染物为氨氮、高锰酸盐指数和总磷。尔王庄水库富营养化状态为"中营养"，于桥水库为"轻度富营养"，北大港水库和团泊洼水库均为"中度富营养"。2018年，对于桥水库、尔王庄水库、北大港水库及团泊洼水库进行了水质监测评价，于桥水库及尔王庄水库全年水质均好于

Ⅰ类,团泊洼水库及北大港水库全年水质均劣于Ⅴ类,主要污染物为生化需氧量、化学需氧量、总磷和氟化物。尔王庄水库富营养化程度为"中营养",于桥水库和团泊洼水库为"轻度富营养",北大港水库为"中度富营养"。

(二)水资源利用与废污水排放

2014—2018年,天津市总供水量整体上呈上升趋势,且地表水源占比均超过68%,地下水源占比呈逐年下降趋势,其他水源占比逐年增加,详见表2.33。

2014—2018年,天津市废污水排放总量逐年增加,其中城镇居民生活废污水排放量、第三产业废污水排放量逐年增加,工业和建筑业废污水排放量变化不明显,详见表2.34。

表 2.33　2014—2018 年天津市水资源利用情况

(单位:亿立方米)

年份	总供水量			总用水量			
	地表水	地下水	其他	生活	环境	工业	农业
2014	26.18			26.18			
	18.03 (68.9%)	5.34 (20.4%)	2.81 (10.7%)	5.5	4.17	5.36	11.40
2015	26.77			26.77			
	18.96 (70.8%)	4.92 (18.4%)	2.89 (10.8%)	5.12	3.99	5.34	12.32
2016	27.65			27.65			
	19.49 (70.5%)	4.73 (17.1%)	3.43 (12.4%)	5.58	4.49	5.53	12.05
2017	28.74			28.74			
	20.24 (70.5%)	4.61 (16.0%)	3.89 (13.5%)	6.11	6.40	5.51	10.72
2018	28.42			28.42			
	19.46 (68.5%)	4.41 (15.5%)	4.55 (16.0%)	7.41	5.57	5.44	10.00

注:括号内数字表示该项占总供水量的比重。

表 2.34　2014—2018 年天津市废污水排放量

(单位:亿吨)

年份	排放总量	城镇居民生活	工业和建筑业	第三产业
2014	5.92	1.84	3.35	0.72
2015	5.99	1.85	3.40	0.74
2016	6.77	2.34	3.60	0.83
2017	7.05	2.43	3.55	1.07
2018	7.86	2.79	3.48	1.59

第三章 汉江生态经济带沿线
水资源水环境情况

第一节 汉江生态经济带(陕西段)水资源水环境情况

陕西省地跨黄河、长江两大流域,降水南多北少,陕南为湿润区,关中为半湿润区,陕北为半干旱区。陕西省水资源时空分布严重不均:从时间分布上看,全省年降水量大都集中在 7—10 月,往往造成汛期洪水成灾,而春、夏两季又旱情多发;从地域分布上看,秦岭以南主要为长江水系,秦岭以北主要为黄河水系,秦岭以南水资源更丰富。

汉江生态经济带(陕西段)包含 3 个城市:汉中市、安康市、商洛市。

汉中市境内河流密布,水量丰盈,域内河流均属长江流域,在水系组成上,主要是东西横贯的汉江水系和南北纵穿的嘉陵江水系。其中,地表水资源量时空分布变化大,丰枯悬殊。地下水资源水质良好,氟化物含量偏低,宜工农业生产和人畜饮用,全域水能资源潜力大。

安康市属长江流域、汉江水系,气候湿润温和,四季分明,雨量充沛,无霜期长,全市降水量受地形影响,地区之间年降水量差异较大,大巴山区平均降水量最多。安康市境内河网主要呈"叶脉状"分布。

商洛市河流密布,主要河流有丹江、洛河、金钱河、乾佑河、旬河五大水系,其中丹江最大,发源于商州西部的秦岭山脉,流经商州、丹凤、商南三县区,向东南出省境入河南、湖北,注入汉江。

一、水资源量与水资源质量

(一)水资源量

1.降水量

2018 年,汉中市年平均降水量 1014.4 毫米,折合降水总量 276.39 亿立方米,比上年偏少 4.8%,比多年平均偏多 4.7%。除南郑区、西乡县比多年平均偏少 4.4%、4.0%外,其余县区均比多年平均偏多。①

安康市年平均降水量 919.2 毫米,比多年平均偏多。

商洛市年平均降水量 667.1 毫米,折合降水总量 128.70 亿立方米,比多年平均偏少 13.9%,比 2017 年减少 26.8%。

2.地表水资源量

2018 年,汉中市地表水资源量为 141.90 亿立方米,相应年径流深为 520.8 毫米,较多年平均偏少 5.9%。

安康市地表水资源量为 87.77 亿立方米,相应年径流深为 375.2 毫米。

商洛市地表水资源量为 32.66 亿立方米,相应年径流深为 169.3 毫米,比多年平均减少 32.7%,比 2017 年减少 38.4%。

3.地下水资源量

2018 年,汉中市地下水资源量为 35.92 亿立方米,其中嘉陵江流域地下水资源量为 4.75 亿立方米,汉江流域地下水资源量为 31.17 亿立方米。

安康市地下水资源量为 18.93 亿立方米。

商洛市地下水资源总量 11.91 亿立方米,比多年平均减少 30.8%,比 2017 年减少 26.1%。

4.水资源总量

2018 年,汉中市水资源总量为 144.92 亿立方米,其中地表水资源量 141.90 亿立方米,地下水资源量 35.92 亿立方米,地下水资源与地表水资源重复计算量 32.89 亿立方米。

安康市水资源总量为 88.06 亿立方米,其中地表水资源量 87.77 亿立方米,地下水资源量 18.93 亿立方米,地下水资源与地表水资源重复计算量 18.64 亿立方米。

---

① 除另有说明外,本章数据均来自各年所在地区水资源公报。

商洛市水资源总量32.66亿立方米,其中地表水资源量32.66亿立方米,地下水资源量11.91亿立方米,地下水资源与地表水资源重复计算量11.91亿立方米,水资源总量比多年平均减少32.7%,比2017年减少38.4%。

(二)水资源质量

2018年汉江生态经济带(陕西段)河流水质评价见图3.1。其中,汉中市评价总河长688.5公里,境内汉江和嘉陵江干、支流全年期的水质类别均为Ⅱ类。汛期,Ⅰ类水河长占总评价河长的10.6%,Ⅱ类水河长占总评价河长的89.4%;非汛期,Ⅰ类水河长占总评价河长的7.3%,Ⅱ类水河长占总评价河长的92.7%。

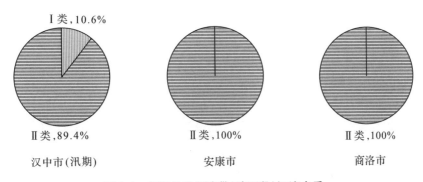

图3.1 汉江生态经济带(陕西段)河流水质

安康市25个断面全部达到水质目标要求,水质达标率100%,各断面年度综合污染指数均值为0.237,较2017年的0.25有所下降,水质稳中向好,月河汉阴三同村断面水质首次由Ⅲ类提升到Ⅱ类。

商洛市对丹江、南秦河、洛河、银花河、金钱河、乾佑河、板桥河、谢家河等河流进行了监测。监测结果显示,以上河流水质均达到《地表水环境质量标准》(GB3838—2002)Ⅱ类水质标准。

2018年,汉中市国家重要江河水功能区考核断面25个,涉及河长688.5公里。按照《地表水环境质量标准》(GB3838—2002),水质全部满足水域功能目标,达标率100%。商洛市对9条河流18个监控断面进行了监测,监测断面水质全部满足水功能区水质要求。

根据2018年汉中盆地5县区10眼地下水监测井4月(枯水期)和9月(丰水期)水质监测资料,所监测地下水水质均符合地下水Ⅲ类质量标准,水质状况良好。2018 年,商洛市市区及各县城镇集中式饮用水水源地水质保持稳定,水质达标率为 100%。商洛市市区地下水饮用水水源地监测 1 次,监测点位为城东井和城西井,山阳邹家湾地下水源地监测 2 次,各项监测指标均达到Ⅲ类水质标准。

二、水资源利用与废污水排放

(一)水资源利用

汉江生态经济带(陕西段)水资源利用情况见表 3.1。

表 3.1　2018 年汉江生态经济带(陕西段)水资源利用情况

(单位:亿立方米)

城市	总供水量			总用水量					
	地表水	地下水	其他	农田灌溉	林牧渔畜	工业	城镇公共	居民生活	生态环境
汉中	16.65			16.65					
	14.49 (87.0%)	2.14 (12.9%)	0.02 (0.1%)	12.78 (76.8%)	1.39 (8.4%)	1.01 (6.1%)	0.19 (1.1%)	1.17 (7.0%)	0.11 (0.7%)
安康	7.53			7.53					
	7.18 (95.4%)	0.34 (4.5%)	0.01 (0.1%)	4.01 (53.3%)	1.26 (16.7%)	0.79 (10.5%)	0.20 (2.7%)	1.17 (15.5%)	0.10 (1.3%)
商洛	3.07			3.07					
	2.19 (71.4%)	0.87 (28.3%)	0.01 (0.3%)	0.98 (32.0%)	0.39 (12.8%)	0.66 (21.5%)	0.12 (4.0%)	0.80 (25.9%)	0.12 (3.8%)

注:括号内数字表示该项占总量的比重。

1. 供水情况

2018 年,汉中市各类供水工程总供水量为 16.65 亿立方米,其中地表水供水量 14.49 亿立方米,占总供水量的 87.0%;地下水供水量 2.14 亿立方米,占总供水量的 12.9%;其他水源供水量 0.02 亿立方米,占总供水量的 0.1%。地表水供水量中,蓄、引、提工程供水量分别为 5.64 亿立方米、7.75 亿立方米、1.10 亿立方米,分别占当年总供水量的 33.9%、46.5%、6.6%。

安康市各类供水工程总供水量为 7.53 亿立方米,其中地表水供水量 7.18 亿立方米,占总供水量的 95.4%;地下水供水量 0.34 亿立方米,占总供水量的 4.5%;其他水源供水量 0.01 亿立方米,占总供水量的 0.1%。

商洛市各类供水工程总供水量为 3.07 亿立方米,其中地表水源供水量 2.19 亿立方米,占总供水量的 71.4%;地下水源供水量 0.87 亿立方米,占总供水量的 28.3%;其他水源供水量 0.01 亿立方米,占总供水量的 0.3%。

2.用水情况

2018 年,汉中市各部门总用水量为 16.65 亿立方米(不含水力发电,下同)。各部门用水量中,农田灌溉用水量为 12.78 亿立方米,占总用水量的 76.8%;林牧渔畜用水量为 1.39 亿立方米,占总用水量的 8.4%;工业用水量为 1.01 亿立方米,占总用水量的 6.1%;城镇公共用水量为 0.19 亿立方米,占总用水量的 1.1%;居民生活用水量为 1.17 亿立方米,占总用水量的 7.0%;生态环境用水量为 0.11 亿立方米,占总用水量的 0.7%。

安康市各部门总用水量为 7.53 亿立方米,各部门用水量中,农田灌溉用水量为 4.01 亿立方米,占总用水量的 53.3%;林牧渔畜用水量为 1.26 亿立方米,占总用水量的 16.7%;工业用水量为 0.79 亿立方米,占总用水量的 10.5%;居民生活用水量为 1.17 亿立方米,占总用水量的 15.5%;城镇公共用水量为 0.20 亿立方米,占总用水量的 2.7%;生态环境用水量 0.10 亿立方米,占总用水量的 1.3%。

商洛市各部门总用水量为 3.07 亿立方米,比上年增加 591 万立方米,增加了 1.96%。各部门用水量中,农田灌溉用水量为 0.98 亿立方米,占总用水量的 32.0%,比上年减少 0.16 亿立方米;林牧渔畜用水量 0.39 亿立方米,占总用水量的 12.8%,比上年增加 0.13 亿立方米;工业用水量为 0.66 亿立方米,占总用水量的 21.5%,比上年增加 0.02 亿万立方米;城镇公共用水量为 0.12 亿立方米,占总用水量的 4.0%;居民生活用水量为 0.80 亿立方米,占总用水量的 25.9%,比上年增加 0.05 亿立方米;生态环境用水量为 0.12 亿立方米,占总用水量的 3.8%,比上年增加 0.01 亿立方米。

(二)废污水排放

2018 年,汉中市全年各种废污水排放量为 0.59 亿吨,其中城镇居民生活废污水为 0.31 亿吨,占总排放量的 52.6%;第二产业废污水为 0.20 亿吨,占总排放量的 33.3%;第三产业为 0.08 亿吨,占总排放量的 14.1%。

安康市全年各种废污水排放量为 0.48 亿吨,其中第二产业废污水为 0.18 亿吨,占总排放量的 37.6%;第三产业为 0.07 亿吨,占总排放量的 14.1%;城镇居民生活废污水为 0.23 亿吨,占总排放量的 48.5%。全市排入江河的废污水总量为 0.42 亿吨。

　　商洛市全年各种废污水排放量 0.25 亿吨,其中第二产业废污水为 0.08 亿吨,占总排放量的 33.3%;第三产业废污水为 0.04 亿吨,占总排放量的 15.4%;城镇居民生活废污水排放量为 0.13 亿吨,占废污水排放总量的 50.8%。全市排入江河的废污水总量0.23亿吨,详见表 3.2。

表 3.2　2018 年汉江生态经济带(陕西段)废污水排放情况

(单位:亿吨)

城市	排放总量	城镇居民生活	第二产业	第三产业	废污水入河量
汉中	0.59	0.31	0.20	0.08	0.52
安康	0.48	0.23	0.18	0.07	0.42
商洛	0.25	0.13	0.08	0.04	0.23

第二节　汉江生态经济带(湖北段)水资源水环境情况

　　湖北省位于中国中部、长江中游,长江由西向东横贯全省。汉江为长江中游最大支流,在湖北省境内由西北趋东南,流经 13 个县市,由陕西白河县将军河进入湖北省郧西县,至武汉汇入长江。湖北省内大部分地区为亚热带季风性湿润气候,降水丰沛,降水量分布有明显的季节差异,一般是夏季最多,冬季最少,6 月中旬至 7 月中旬雨量最多、强度最大,是梅雨期。湖北省的水资源空间分布特征与地表水资源地区分布特征基本一致,其趋势是由南向北、由东向西、由山区向平原地区逐渐减少。此外,全省过境容水量较大,因而有丰富的径流量供调蓄利用。全省境内淡水湖泊众多,有"千湖省"之称,多分布在江汉平原上。省内浅层地下水储藏量丰富,地下水水质清洁,储量稳定。

　　汉江生态经济带(湖北段)包含 10 个城市:十堰市、神农架林区、襄阳市、荆门市、天门市、潜江市、仙桃市、随州市、孝感市、武汉市。

　　十堰市水资源比较丰富,汉江是十堰市过境河流,流经郧西、郧县和丹江口市。十堰是南水北调中线工程调水源头丹江口水库所在地和核心水源区。

· 62 ·

神农架林区共有四大水系,分为香溪河、沿渡河、南河、堵河四大流域,水能资源十分丰富,域内河谷具明显幼年期特征,河谷陡险,横断面多呈 V 形,坡降大,水流急,受特定的地理条件制约,神农架水资源除少量的农业灌溉用水、工业用水和社会生活用水外,主要用在水能资源的开发利用上。

襄阳市位于湖北省西北部,居汉水中游,属北亚热带季风气候。襄阳市地形为东低西高,由西北向东南倾斜。这里既有滔滔汉水流经,又有干冷、暖湿空气交绥,冬寒夏热,冬干夏雨,雨热同期,四季分明。

荆门市位于湖北省中部,地处汉江中下游,是长江经济带重要节点城市。荆门市境内有汉江、漳河、长湖、府澴河四大水系。荆门市自产水量较少,但客水较为丰富。境内最大河流汉江自北向南贯穿全境。

天门市位于汉江下游,境内地貌比较单一,水资源东南部多,西部和北部少。天门市主要河流包括汉江、上天门河、下天门河和汉北河,境内湖泊众多。

潜江境内河渠纵横交错,湖泊星罗棋布,气候四季分明,夏热冬寒,热量、雨量比较充足,无霜期较长,但降水的时空分布不匀,容易出现旱象和渍涝。汉江、东荆河等长江支流贯穿全境。

仙桃市位于湖北中部、江汉平原腹地,北依汉水,南靠长江,东邻省会武汉,西连荆州、宜昌,处在湖北"两江"(长江、汉江)经济带的交汇点上。仙桃市境内河湖密布,平原、水域大致构成"八地半滩份半水"的格局。

随州市地处长江流域和淮河流域的交汇地带,属于北亚热带季风气候,四季分明,光照充足,雨量充沛。全市人均水资源低于全省、全国平均水平,属水资源短缺地区。河流水系众多,多为源头。

孝感市地处湖北省东北部、长江以北、汉江之东,河湖交错,水利资源丰富。地势北高南低,由大别山、桐柏山向江汉平原过渡,呈坡状地貌。属亚热带大陆性季风气候,四季分明,雨量充沛。

一、水资源量与水资源质量

(一)水资源量

1.降水量

2018 年,十堰市年平均降水量 770.5 毫米,折合降水总量 182.14 亿立方米,比上年偏少 32.4%,较多年平均偏少 13.3%,全市降水量总趋势自西南向东北递减。

神农架林区年降水量909.1毫米,比上年减少37.8%,较多年平均偏少18.6%,整体来说,降水偏枯,降水量随海拔的增高而增加。

襄阳市年降水量769.4毫米,与上年比较下降31.2%,与多年平均偏少14.9%,降水偏枯。

荆门市平均降水量956.9毫米,折合降水总量117.99亿立方米,较上年偏少11.4%,较多年平均偏少4.2%,属平水年份。

随州市年降水量780.4毫米,较上年偏少30.8%,与多年平均比较偏少20.6%,整体来说降水偏枯。

孝感市年降水量870.1毫米,折合降水总量77.45亿立方米,比上年偏少17.7%,较多年平均下降21.7%,属枯水年份。

潜江市年降水量1168.4毫米,比上年偏多2.9%,较多年平均偏多4.3%,属平水年份。

天门市年降水量1009.8毫米,与上年比较偏少0.6%,与多年平均比较偏少8.0%,整体来说降水偏枯。

仙桃市年降水量1250.0毫米,与上年比较偏少0.4%,与多年平均比较上升6.3%,整体来说降水偏丰。

武汉市年降水量1095.1毫米,折合降水总量93.02亿立方米,比上年偏少10.5%,比多年平均偏少12.7%。

2. 地表水资源量

2018年,十堰市地表水资源量为62.97亿立方米,折合径流深266.4毫米,比上年减少51.4%,较常年偏少25.9%。

神农架林区为地表水资源量为12.29亿立方米,与上年比较减少55.2%,较常年偏少42.2%。

襄阳市地表水资源量为40.36亿立方米,折合径流深204.7毫米,比上年减少57.7%,较常年偏少31.3%。境内年径流深分布不均,趋势与降水分布较一致。

荆门市地表水资源量为35.21亿立方米,折合径流深285.6毫米,较上年偏少29.3%,较多年平均偏少13.6%。

随州市地表水资源量为15.22亿立方米,与上年比较减少62.7%,比多年平均比较减少47.4%。

孝感市地表水资源量为 22.71 亿立方米,折合径流深 255.1 毫米,与多年平均比较减少 38.2%,与上年比较减少 30.4%。

潜江市地表水资源量为 10.60 亿立方米,较上年多 19.30 亿立方米,与多年平均比较增加 43.4%。

天门市地表水资源量为 7.94 亿立方米,与上年比较减少 2.1%,比多年平均比较减少 21.6%。

仙桃市地表水资源量为 11.64 亿立方米,与上年比较减少 15.3%,比多年平均比较增加 12.1%。

武汉市地表水资源量为 31.70 亿立方米,折合径流深 373.2 毫米,比上年偏少 11.9%,比多年平均偏少 25.8%。

3. 地下水资源量

2018 年,十堰市地下水资源量为 22.60 亿立方米,比上年减少 37.6%,较常年偏少 17.3%。

神农架林区地下水资源量为 6.95 亿立方米。

襄阳市地下水资源量为 19.58 亿立方米,比上年减少 30.9%,较常年偏少 18.3%。

荆门市地下水资源量为 11.41 亿立方米,较上年偏少 17.7%。山丘区地下水资源量为 7.18 亿立方米,平原区总补给量为 4.34 亿立方米,平原区与山丘区之间的重复计算量为 0.11 亿立方米。

随州市地下水资源量为 7.26 亿立方米。

孝感市地下水资源量为 7.64 亿立方米,比上年减少 10.9%。其中,平原区地下水资源量 4.82 亿立方米,山丘区 3.02 亿立方米。

潜江市地下水资源量为 2.24 亿立方米。

天门市地下水资源量为 3.60 亿立方米。

仙桃市地下水资源量为 3.61 亿立方米。

武汉市地下水资源量为 10.16 亿立方米,比上年偏少 6.2%,比多年平均偏少 7.8%。地下水模数为 11.96 万立方米/平方公里。

4. 水资源总量

2018 年,十堰市水资源总量 62.97 亿立方米,比上年减少 51.4%,较常年偏少 25.9%。其中,地表水资源量 62.97 亿立方米,地下水资源量 22.60

亿立方米,地表水资源与地下水资源间的重复计算量为 22.60 亿立方米。全市水资源总量占降水总量的 34.6%,产水系数为 0.346,产水模数为26.60万立方米/平方公里,人均水资源占有量为 1849 立方米,亩均水资源占有量为 2296 立方米。

神农架林区水资源总量为 12.29 亿立方米。

襄阳市水资源总量为 45.45 亿立方米,地表水资源量 40.36 亿立方米,地下水资源量 19.58 亿立方米,人均水资源占有量为 802 立方米。

荆门市水资源总量为 36.28 亿立方米,较上年偏少 29.0%,较多年平均偏少 11.0%。全市产水系数为 0.308,产水模数为 29.42 万立方米/平方公里,人均水资源占有量为 1253 立方米,亩均水资源占有量为 1189 立方米。

随州市水资源总量为 15.22 亿立方米。

孝感市水资源总量为 23.97 亿立方米。产水系数为 0.310,产水模数为 26.9 万立方米/平方公里。人均水资源占有量为 487 立方米,亩均水资源占有量为 393 立方米。

潜江市水资源总量为 12.25 亿立方米。

天门市水资源总量为 9.80 亿立方米。

仙桃市水资源总量为 13.79 亿立方米。

武汉市水资源总量 35.16 亿立方米,其中地表水、地下水重复计算量为 6.70 亿立方米,产水系数为 0.378,产水模数为 41.39 万立方米/平方公里。水资源总量比上年偏少 10.1%,比多年平均偏少 24.0%。

(二)水资源质量

1. 河流水质

2018 年汉江生态经济带(湖北段)河流水质评价见图 3.2。

2018 年,湖北省水环境监测中心十堰分中心对汉江、堵河、天河、滔河、马栏河、夹河、神定河、泗河等 14 条河流的水质状况进行了监测,依据《地表水环境质量标准》(GB3838—2002)评价总河长 1266.2 公里。其中 Ⅱ 类水河长 769.8 公里,占评价河长的 60.8%;Ⅲ 类水河长 419.2 公里,占评价河长的 33.1%;污染严重的劣 Ⅴ 类水河长 77.2 公里,占评价河长的 6.1%。污染严重河流主要是神定河和泗河,主要超标项目为氨氮、总磷等。

神农架林区水环境质量状况基本保持稳定,全区 4 个国控点地表水断面水质总体为"优",符合 I—Ⅲ 类水质标准的断面占 100%,水质达标率为 100%。

襄阳市境内河流水质总评价河长为 1072.3 公里。全年期水质类别为Ⅰ—Ⅲ类、Ⅳ—Ⅴ类、劣Ⅴ类的河长分别为 995.8 公里、57.0 公里、19.5 公里,分别占总评价河长的 92.9%、5.3%、1.8%,受污染河段(水质类别为Ⅳ—劣Ⅴ类的河段)河长 76.5 公里,占总评价河长的 7.1%,主要超标项目为氨氮、总磷、五日生化需氧量。

荆门市 7 条主要河流水质达到Ⅲ类水质标准的有汉江(荆门段)、漳水、汉北河、槐水、溴河,共 5 条,占监测河流数的 71.4%;水质劣于Ⅲ类的是竹皮河、浰河,共 2 条,占监测河流数的 28.6%。影响河流水质的主要超标项目为氨氮、总磷、高锰酸盐指数等。

随州市对境内主要河流做了水质监测,监测河长共 667.4 公里,有431.4公里的河段属Ⅱ类水质,占评价河长的 64.6%;181.0 公里的河段属Ⅲ类水质,占评价河长的 27.1%;受污染的Ⅳ类水河长 55.0 公里,占评价河段长的 8.2%。主要超标项目为高锰酸盐指数、总磷。

孝感市全年评价河长1256.7公里,枯水期Ⅱ类水河长327.5公里,占总评价河长的 26.1%;Ⅲ类水河长 749.2 公里,占总评价河长的 59.6%;Ⅳ类水河长 70.0 公里,占总评价河长的 5.6%,劣Ⅴ类水河长 110.0 公里,占总评价河长的 8.8%,主要超标项目为总磷、氨氮。丰水期Ⅱ类水河长 860.1公里,占总评价河长的 68.4%,Ⅲ类水河长 337.6 公里,占总评价河长的26.9%;Ⅳ类水河长 59 公里,占总评价河长的 4.7%。主要超标项目为总磷。从河流水质发展趋势来看,全市水质污染情况比上一年有明显改善。

潜江市主要河流总体水质状况良好,13 个监测断面水质符合Ⅰ—Ⅲ类标准的占 84.6%,符合Ⅳ—劣Ⅴ类标准的占 15.4%;功能区水质达标率为92.3%。超标断面为总干渠同心队,超标项目为总磷、溶解氧、化学需氧量。

天门市境内,汉江设置岳口 1 个监测断面,天门河设置罗汉寺、拖市、杨林 3 个监测断面。主要河流监测断面中,水质良好、符合Ⅰ—Ⅲ类标准的断面占 50%。监测数据显示,汉江河流水质总体上保持稳定,水质优良,岳口断面和罗汉寺断面水质优良月份比率为 100%。天门河拖市断面和杨林断面水质较差,水质监测类别基本为Ⅳ—劣Ⅴ类,超标项目频率较高的是化学需氧量和氨氮,其次为五日生化需氧量和总磷。

仙桃市主要河流断面水质类别构成为:Ⅱ类,25.0%;Ⅲ类,50.0%;Ⅳ类,25.5%。

武汉市 11 条主要河流中,水质达到Ⅲ类标准的有长江、汉江等 8 条,占监测河流数的 72.7%;水质劣于Ⅲ类的有 3 条,占监测河流数的 27.3%。影响河流水质的主要项目是氨氮、总磷和溶解氧。18 个一级水功能区中,有 15 个达到水质管理目标,达标率为 83.3%。

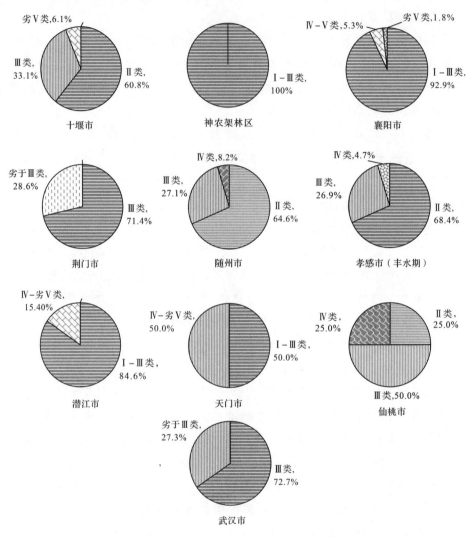

图 3.2 2018 年汉江生态经济带(湖北段)河流水质

2.水功能区水质

2018 年,湖北省水环境监测中心十堰分中心对全市 57 个主要水功能区

61 个断面进行监测,其中省级功能区 21 个,市级功能区 36 个;保护区 20 个,保留区 27 个,缓冲区 4 个,开发利用区 4 个。

神农架林区对 4 个国控点地表水断面实施了水质监测,总体为"优",符合Ⅰ—Ⅲ类标准的断面占 100%,水质达标率为 100%。

襄阳市监测了 39 个省级水功能区,包括 4 个保护区、19 个保留区、2 个缓冲区、3 个饮用水源区、2 个工业用水区、1 个农业用水区、4 个过渡区、4 个排污控制区。其中 4 个排污控制区(汉江襄樊襄城排污控制区、汉江襄樊樊城排污控制区、蛮河南漳排污控制区、蛮河雷河排污控制区)未设定水质管理目标,不进行水质达标评价,仅对 35 个水功能区进行水质达标评价。按全因子评价,35 个水功能区中有 26 个水功能区达标,水功能区水质达标率为 74.3%;按双因子评价,35 个水功能区有 30 个水功能区达标,水功能区水质达标率为 85.7%。全市有 29 个省考核水功能区,按全因子评价,有 23 个水功能区达标,水功能区水质达标率为 79.3%;省对市考核采用双因子评价,有 26 个水功能区达标,水功能区水质达标率为 89.7%,高于 2018 年襄阳市重要水功能区水质达标率 82.2% 的控制目标。

荆门市对 21 个省级重要江河湖库水功能区实施了水质监测。其中,对全市 5 个大中型水库、1 个湖泊的监测结果显示:5 个水库水质整体状况较好,全年在Ⅱ类及以上;长湖汛期水质为Ⅲ类,非汛期部分月份为Ⅳ类,全年期水质为Ⅲ类。

随州市对 31 个水功能区(其中 21 个是省级水功能区,10 个是市级水功能区)进行了监测及达标评价。按全因子评价,水质达标的水功能区有 17 个,达标率 54.8%;按双因子评价,水质达标的水功能区有 27 个,达标率 87.1%。

孝感市共评价河湖面积 73 平方千米,总体为Ⅳ类水质,总磷超标,营养化程度为"轻度富营养";共评价水库 3 个,Ⅲ类水水库 2 个,Ⅳ类水水库 1 个。

潜江市功能区水质达标率为 92.3%,超标断面为总干渠同心队,超标项目为总磷、溶解氧、化学需氧量。

天门市对域内入选《湖北省第一批湖泊保护名录》的 16 个湖泊进行了水质监测评价,结果表明,16 个湖泊的主要污染指标为总磷、化学需氧量和高锰酸盐指数。丰水期(共 15 个湖泊)和枯水期(共 14 个湖泊)水质符合Ⅰ—Ⅲ类标准的湖泊分别为 0 个(0%)和 0 个(0%),符合Ⅳ类标准的湖泊分别为 4 个(占 26.7%)和 8 个(占 57.1%),符合Ⅴ类标准的湖泊分别为 7 个

（占 46.6%）和 4 个（占 28.6%），符合劣 V 类标准的湖泊分别为 4 个（占 26.7%）和 2 个（占 14.3%）。

武汉市对 79 个主要湖泊（一级水功能区）进行了水质监测，结果表明：水质达 II 类标准的湖泊有 1 个，占监测湖泊数的 1.3%，占监测湖泊面积的 7.4%；水质达 III 类标准的湖泊有 7 个，占监测湖泊数的 8.9%，占监测湖泊面积的 30.1%；水质为 IV 类的湖泊有 29 个，占监测湖泊数的 36.7%，占监测湖泊面积的 32.7%；水质为 V 类的湖泊有 23 个，占监测湖泊数的 29.1%，占监测湖泊面积的 18.0%；水质为劣 V 类的湖泊有 19 个，占监测湖泊数的 24.0%，占监测湖泊面积的 11.8%。79 个一级水功能区中有 19 个达到水质管理目标，达标率为 24.1%。影响湖泊水质的主要项目是总磷、氨氮、高锰酸盐指数。全市 9 个大中型水库中有 8 个水库水质达到或优于 II 类标准，达到水质管理目标，达标率为 88.9%。[①]

3. 饮用水水源地水质

2018 年，十堰市对县级以上 17 个饮用水水源地水质进行了监测评价，相比上年，取消了头堰水库，增加了 7 个水源地。17 个集中式生活饮用水地表水源地水质均达到 III 类标准以上，全年合格率为 100%。

神农架林区县级城市以上集中式饮用水水源地季度水质达标率及年度水质达标率均为 100%。全区主要湖库水质总体保持稳定，总体评价为良，水质符合 III 类标准。

襄阳市对 8 个县级以上集中式饮用水水源地进行了监测评价，全年共监测 12 次，各次水质都达到或优于 III 类标准。

荆门市对主要城市供水水源地进行了监测，水质均达到 II 类标准及以上。

随州市 3 个县级以上集中式饮用水水源地（曾都区先觉庙水库、随县封江口水库、广水市许家冲水库）水质均为 II 类，达标率 100%，水质保持稳定。

孝感市对 4 个饮用水水源地的水质进行了监测评价，合格水源地[②]有 3 个（汉川徐家口水源地、汉川汉江水源地和大悟界牌水库水源地），不合格的有 1 个（安陆解放山水源地），水源地主要超标项目为总磷。

---

　① 仙桃市相关数据未在《2018 年仙桃市环境质量公报》中公布。

　② 全年水源地水质合格率（全年水源地水质合格次数/全年水源地水质监测评价次数）≥80%，表该水资源地年度水质合格。

潜江市环境监测站对汉江泽口水厂水源地和汉江红旗码头饮用水水源地进行了监测,监测项目共62项,全部水源地水质均达到Ⅱ类水标准。

天门市集中式饮用水水源地为天门二水厂,位于汉江岳口段,市环境监测站每季度对水源地水质进行监测,按《地表水环境质量标准》Ⅱ类水标准评价,二水厂季度水质总达标率为100%。

仙桃市中心城区集中式地表水饮用水水源地(仙桃市第二水厂、仙桃市第三水厂)所有监测项目均符合Ⅲ类水标准。

武汉市主要城镇集中式饮用水水源地水质优良,水质均达到或优于Ⅲ类水标准。

二、水资源利用与废污水排放

(一)水资源利用

2018年汉江生态经济带(湖北段)水资源利用情况见表3.3。

1. 供水情况

十堰市总供水量为9.10亿立方米,其中,地表水源供水量9.07亿立方米,占总供水量的99.7%;地下水源供水量0.02亿立方米,占总供水量的0.3%。地表水源供水量中,蓄水工程供水量占65.7%,引水工程供水量占27.8%,提水工程供水量占6.5%。

神农架林区地表供水量为0.17亿立方米,无地下供水,总供水量0.17亿立方米,与上年比较增长了11.3%。

襄阳市总供水量为30.82亿立方米,其中地表水源供水量28.63亿立方米,占总供水量的92.9%;地下水源供水量2.19亿立方米,占总供水量的7.1%。地表水源供水量中,蓄水、引水、提水工程供水量分别为16.10亿立方米、2.48亿立方米、10.04亿立方米,分别占总供水量的52.2%、8.0%、32.8%。蓄水、提水和地下水工程主要供农业灌溉、生活和工业用水,引水工程主要供农业灌溉用水。

荆门市总供水量为19.26亿立方米,比上年减少0.14亿立方米。其中,地表水源供水18.72亿立方米,占总供水量的97.2%;地下水源供水0.54亿立方米,占总供水量的2.8%。分工程供水量中,蓄水工程供水量占68.8%,引水工程供水量占19.2%,提水工程供水量占12.0%。

随州市地表供水量为8.99亿立方米,地下供水量为0.14亿立方米,总供水量 9.13 亿立方米,与上年比较减少 6.8%。

孝感市总供水量为 26.19 亿立方米,其中地表供水量为 25.99 亿立方米,地下供水量 0.20 亿立方米。

潜江市地表供水量为 7.41 亿立方米,地下供水量为 0.02 亿立方米,总供水量 7.43 亿立方米,与上年比较增加 0.6%。

天门市地表供水量为 9.30 亿立方米,地下供水量为 0.13 亿立方米,总供水量 9.43 亿立方米,与上年比较增加 1.3%。

仙桃市地表供水量为 9.13 亿立方米,地下供水量为 0.27 亿立方米,总供水量 9.40 亿立方米,与上年比较增加 0.5%。

武汉市总供水量 36.23 亿立方米,比上年增加 4.7%。其中蓄水工程供水 3.91 亿立方米,占总供水的 10.8%;引水工程供水 2.38 亿立方米,占总供水的 6.5%;提水工程供水 29.89 亿立方米,占总供水的 82.5%。按水源类型划分,地表供水 36.18 亿立方米,占 99.8%,地下供水 0.05 亿立方米,占 0.2%。

表 3.3　2018 年汉江生态经济带(湖北段)水资源利用情况

(单位:亿立方米)

城市	总供水量		总用水量					
	地表水	地下水	农田灌溉	林牧渔畜	工业	城镇公共	居民生活	生态环境
			生产用水			生活用水		生态用水
十堰	9.10		9.10					
	9.07	0.03	7.33			1.68		0.09
	(99.7%)	(0.3%)	(80.6%)			(18.4%)		(1.0%)
神农架林区	0.17		0.17					
	0.17	0	0.13			0.04		0
	(100.0%)	(0)	(76.5%)			(23.5%)		(0)
襄阳	30.82		30.82					
	28.63	2.19	18.65		7.16	2.00	2.85	0.17
	(92.9%)	(7.1%)	(60.5%)		(23.2%)	(6.5%)	(9.2%)	(0.6%)

续表

城市	总供水量		总用水量					
			农田灌溉	林牧渔畜	工业	城镇公共	居民生活	生态环境
	地表水	地下水	生产用水			生活用水		生态用水
荆门	19.26		19.26					
	18.72 (97.2%)	0.54 (2.8%)	17.80 (92.4%)			1.41 (7.3%)		0.05 (0.3%)
随州	9.13		9.13					
	8.99 (98.5%)	0.14 (1.5%)	7.98 (87.4%)			1.12 (12.3%)		0.03 (0.3%)
孝感	26.19		26.19					
	25.99 (99.2%)	0.20 (0.8%)	23.69 (90.50%)			2.47 (9.40%)		0.03 (0.10%)
潜江	7.43		7.43					
	7.41 (99.7%)	0.02 (0.3%)	6.86 (92.3%)			0.49 (6.6%)		0.08 (1.1%)
天门	9.43		9.43					
	9.30 (98.6%)	0.13 (1.4%)	8.78 (93.1%)			0.63 (6.7%)		0.02 (0.2%)
仙桃	9.4		9.40					
	9.13 (97.1%)	0.27 (2.9%)	8.8 (93.6%)			0.58 (6.2%)		0.02 (0.2%)
武汉	36.23		36.23					
	36.18 (99.8%)	0.05 (0.2%)	8.97 (24.8%)		14.93 (41.2%)	11.89 (32.8%)		0.44 (1.2%)

注:括号内数字表示该项占总量的比重。

2.用水情况

2018 年,十堰市总用水量 9.10 亿立方米。按新口径统计,生产用水量 7.33 亿立方米,占总用水量的 80.6%;生活用水量 1.68 亿立方米,占总用水量的 18.4%；生态用水量 0.09 亿立方米，占总用水量的 1.0%。

神农架林区总用水量 0.17 亿立方米。在新口径中，生产用水量 0.13 亿立方米，生活用水量 0.04 亿立方米，无生态用水量。总用水量与上年比较增加 11.3%。

襄阳市总用水量 30.82 亿立方米，其中农业（即农田灌溉、林牧渔畜）用水量 18.65 亿立方米，占总用水量的 60.5%；工业用水量 7.16 亿立方米，占总用水量的 23.2%；城镇公共用水量 2.00 亿立方米，占总用水量的 6.5%；居民生活用水量 2.85 亿立方米，占总用水量的 9.2%；生态用水量 0.17 亿立方米，占总用水量的 0.6%。

荆门市总用水量 19.26 亿立方米。其中生产用水量 17.80 亿立方米，占总用水量的 92.4%；生活用水量 1.41 亿立方米，占总用水量的 7.3%；生态用水量 0.05 亿立方米，占总用水量的 0.3%。

随州市总用水量 9.13 亿立方米。在新口径中，生产用水量 7.99 亿立方米，生活用水量 1.11 亿立方米，生态用水量 0.03 亿立方米。总用水量与上年比较减少 6.8%。

孝感市总用水量 26.19 亿立方米。按新口径统计，生产用水量 23.69 亿立方米，占总用水量的 90.5%；生活用水量 2.47 亿立方米，占总用水量的 9.4%；生态用水量 0.03 立方米，占总用水量的 0.1%。

潜江市总用水量 7.43 亿立方米。在新口径中，生产用水量 6.86 亿立方米，生活用水量 0.49 亿立方米，生态用水量 0.08 亿立方米。总用水量与上年比较增加 0.6%；人均用水量为 769 立方米，与上年比较增加 0.4%；农田灌溉亩均用水量为 373 立方米，与上年比较减少 1.1%；城镇生活每人每日用水量为 176 升，与上年比较不变；农村生活每人每日用水量为 90 升。

天门市总用水量 9.43 亿立方米。在新口径中，生产用水量 8.78 亿立方米，生活用水量 0.63 亿立方米，生态用水量 0.02 亿立方米，总用水量与上年比较增加 1.3%。人均用水量为 741 立方米，与上年比较增加 2.2%；农田灌溉亩均用水量为 422 立方米，与上年比较减少 1.9%；城镇生活每人每日用水量为 174 升，与上年比较不变；农村生活每人每日用水量为 90 升，与上年持平。

仙桃市总用水量 9.40 亿立方米。在新口径中，生产用水量 8.80 亿立方米，生活用水量 0.58 亿立方米，生态用水量 0.02 亿立方米。总用水量与上年比较增加 0.5%。

武汉市总用水量 36.23 亿立方米。其中农业用水量 8.97 亿立方米,占24.8%;工业用水量 14.93 亿立方米,占 41.2%;生活用水量(含公共用水)11.89 亿立方米,占 32.8%;生态用水量 0.44 亿立方米,占 1.2%。

(二)废污水排放

2018 年汉江生态经济带(湖北段)污水排放量见表 3.4。

十堰市废污水排放总量 29198 万吨。其中城镇居民生活废污水排放量7353 万吨,占总排放量的 25.2%;第二产业排放量 12025 万吨,占总排放量的 41.2%;第三产业排放量 9820 万吨,占总排放量的 33.6%。全市废污水入河量 20438 万吨。

神农架林区废污水排放总量 684 万吨。其中城镇居民生活废污水排放量 144 万吨,占总排放量的 21.1%;第二产业排放量 300 万吨,占总排放量的43.9%;第三产业排放量 240 万吨,占总排放量的 35.1%。全市废污水入河量 479 万吨。

襄阳市废污水排放总量 50967 万吨。其中城镇居民生活废污水排放量13399 万吨,占总排放量的 26.3%;第二产业排放量 24162 万吨,占总排放量的 47.4%;第三产业排放量 13406 万吨,占总排放量的 26.3%,全市废污水入河量 35678 万吨。

荆门市废污水排放总量 30927 万吨。其中城镇居民生活废污水排放量6079 万吨,占总排放量的 19.7%;第二产业排放量 18029 万吨,占总排放量的 58.3%;第三产业排放量 6819 万吨,占总排放量的 22.0%。全市废污水入河量 21650 万吨。

随州市废污水排放总量 16025 万吨。其中城镇居民生活废污水排放量4636 万吨,占总排放量的 28.9%;第二产业排放量 5763 万吨,占总排放量的36.0%;第三产业排放量 5626 万吨,占总排放量的 35.1%。全市废污水入河量 11219 万吨。

孝感市废污水排放总量 33529 万吨。其中城镇居民生活废污水排放量11579 万吨,占总排放量的 34.5%;第二产业排放量 10484 万吨,占总排放量的 31.3%;第三产业排放量 11466 万吨,占总排放量的 34.2%。全市废污水入河量 23473 万吨。

潜江市废污水排放总量 12814 万吨。其中城镇居民生活废污水排放量

2217万吨,占总排放量的17.3％;第二产业排放量7961万吨,占总排放量的62.1％;第三产业排放量2636万吨,占总排放量的20.6％。全市废污水入河量8970万吨。

天门市废污水排放总量11114万吨。其中城镇居民生活废污水排放量2727万吨,占总排放量的24.5％;第二产业排放量4416万吨,占总排放量的39.7％;第三产业排放量3971万吨,占总排放量的35.7％。全市废污水入河量7780万吨。

仙桃市废污水排放总量13966万吨。其中城镇居民生活废污水排放量2645万吨,占总排放量的18.9％;第二产业排放量6990万吨,占总排放量的50.1％;第三产业排放量4331万吨,占总排放量的31.0％。全市废污水入河量9776万吨。

武汉市废污水排放总量89062万吨。其中城镇居民生活废污水排放量30320万吨,占总排放量的34.0％,第二产业排放量20941万吨,占总排放量的23.5％;第三产业排放量37801万吨,占总排放量的42.4％。全市废污水入河量62344万吨。

表3.4　汉江生态经济带(湖北段)废污水排放量

(单位:万吨)

城市	排放总量	城镇居民生活	第二产业	第三产业	废污水入河量
十堰	29198	7353	12025	9820	20438
神农架	684	144	300	240	479
襄阳	50967	13399	24162	13406	35678
荆门	30927	6079	18029	6819	21650
随州	16025	4636	5763	5626	11219
孝感	33529	11579	10484	11466	23473
潜江	12814	2217	7961	2636	8970
天门	11114	2727	4416	3971	7780
仙桃	13966	2645	6990	4331	9776
武汉	89062	30320	20941	37801	62344

第三节　汉江生态经济带(河南段)水资源水环境情况

河南省地跨长江、淮河、黄河、海河四大流域。地势呈望北向南、承东启西之势,西高东低,由平原和盆地、山地、丘陵、水面构成。大部分地处暖温带,南部跨亚热带,属北亚热带向暖温带过渡的大陆性季风气候。域内河流大多发源于西部、西北部和东南部山区,多年平均水资源总量居全国第19位,人均水资源占有量相当于全国平均水平的1/5,属严重缺水省份。

汉江生态经济带(河南段)包含4个城市:南阳市、洛阳市、三门峡市、驻马店市。

南阳市位于河南省西南部,为三面环山、南部开口的盆地,南阳盆地处于汉水上游、淮河源头,市内河流众多。南阳市分属三大流域:中西部大部分地区属于汉水流域(长江流域);东南部的桐柏县是淮河发源地,分属淮河流域;南召县北部有一小块地方属于黄河流域。河流分属长江、淮河两大水系,长度在100公里以上的河流有10条。

洛阳市位于我国第二阶梯与第三阶梯交界带,西依秦岭、东临嵩岳、北靠太行,地跨黄河、淮河、长江三大流域。黄河为北部界河,伊河发源于栾川县南境伏牛山区。境内河流主要属黄河流域,发源于伏牛山的老鹳河、白河属长江水系。

三门峡市位于豫晋陕三省交界黄河南金三角地区,属于暖温带大陆性季风型半干旱气候,域内河溪较多,全市的大小河流主要分属黄河、长江两大水系。属长江水系主要是卢氏县南部和东南部的老鹳河和淇河及其支流。

驻马店市地处淮河上游的丘陵平原地区,东西横跨淮河、长江两大流域,东部属淮河流域,由洪汝河水系、淮河干流水系、沙颍河水系等组成;西部属长江流域的汉水水系。驻马店区域地表径流的分布趋势大体和降水一致,从西南向东北递减。

一、水资源量与水资源质量

(一)水资源量

1.降水量

2018年,南阳市年降水量为765.6毫米,比上年减少19.9%,较多年均值减少7.4%。属平水年份。

洛阳市年降水量为701.8毫米,折合降水总量为106.9亿立方米,与2017年109.2亿立方米的降水总量相比减少2.1%,较多年均值增加1.5%。属平水年份。

三门峡市年降水量为638.6毫米,折合降水总量为63.46亿立方米,与2017年70.87亿立方米降水总量相比减少10.5%,较多年均值偏少5.5%。整体来说降水偏少。

驻马店市年降水量为978毫米,折合降水总量为133.33亿立方米,与2017年相比减少9%,较多年均值增加9%。整体来说降水较多。

2.地表水资源量

2018年,南阳市地表水资源量为43.64亿立方米,折合径流深180.8毫米。

洛阳市地表水资源量为19.94亿立方米,较2017年20.31亿立方米的地表水资源量略有减少。

三门峡市地表水资源量为10.39亿立方米,较2017年12.29亿立方米的地表水资源量有所减少。

驻马店市地表水资源量为40.45亿立方米,较2017年46.75亿立方米的地表水资源量有所减少。

3.地下水资源量

2018年,南阳市地下水资源量为22.74亿立方米,其中山丘区地下水资源量为14.93亿立方米,平原区地下水资源量为8.65亿立方米,平原区与山丘区之间资源重复计算量为8321万立方米,地下水与地表重复计算量为144461万立方米。

洛阳市地下水资源量为13.27亿立方米,较2017年13.12亿立方米的地下水资源量有所增加。

三门峡市地下水资源量为6.95亿立方米,较2017年7.84亿立方米的地下水资源量有所减少。

驻马店市地下水资源量为 23.43 亿立方米,较 2017 年 25.33 亿立方米的地下水资源量有所减少。

4.水资源总量

2018 年,南阳市的水资源总量为 51.93 亿立方米,比上年减少 22.4%,产水系数为 0.24。

洛阳市的水资源总量为 22.52 亿立方米,从多年的降水量、地表水资源量和地下水资源量看,水资源总量整体减少,与多年均值比较减少 20.0%,产水系数为 0.21。

三门峡市的水资源总量为 11.08 亿立方米,从多年的降水量、地表水资源量和地下水资源量看,水资源总量整体减少,与多年均值比较减少31.6%,产水系数为 0.17。

驻马店市的水资源总量为 51.06 亿立方米,与多年均值比较增加14.2%,产水系数为 0.38。

(二)水资源质量

1.河流水质

2018 年汉江生态经济带(河南段)河流水质评价见图 3.3。

2018 年,南阳市对其 42 个河流型水质站进行监测,总评价河长 1322.91公里,参与评价河流 10 条,其中白河、唐河、丹江属于重点河流。评价结果表明:全年期水质为Ⅰ—Ⅲ类的河长 838.45 公里,占总评价河长的 63.4%;水质为Ⅳ类的河长 357.16 公里,占总评价河长的 27.0%;水质为Ⅴ类的河长 116 公里,占总评价河长的 8.8%;水质为劣Ⅴ类的河长 11.3 公里,占总评价河长的 0.8%。

洛阳市地表水监控河流主要为伊河、洛河、伊洛河、汝河、涧河和瀍河,经监测,综合水质状况由优至劣依次为:汝河(优)、伊河(优)、洛河(优)、伊洛河(良好)、涧河(轻度污染)、瀍河(中度污染),河流水质总体呈好转趋势。

三门峡市监测的 10 条河流中,8 条河流水质状况为"优",较上年增加 4 条。

驻马店市 3 条主要地表水体中,洪河为Ⅳ类水质,水质类别为轻度污染,主要污染指标是总磷(0.4)和氨氮(0.04);汝河为Ⅲ类水质,水质类别为良好;臻头河为Ⅱ类水质,水质类别为优。

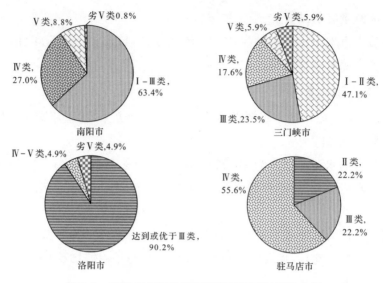

V类,8.8% 劣V类0.8%

IV类,27.0%

I-III类,63.4%

南阳市

劣V类,5.9%

V类,5.9%

IV类,17.6%

I-II类,47.1%

III类,23.5%

三门峡市

IV-V类,4.9% 劣V类,4.9%

达到或优于III类,90.2%

洛阳市

IV类,55.6%

II类,22.2%

III类,22.2%

驻马店市

图 3.3 2018 年汉江生态经济带(河南段)河流水质

2.水功能区水质

2018 年,南阳市采用限制纳污红线以氨氮和高锰酸盐指数(或 COD)为主要控制项目对域内小功能区进行了水质评价分析,全年期达标率不小于 80% 的水功能区为水期或年度水质达标水功能区。5 个排污控制区没有水质目标,不参与达标评价统计;其余 42 个水功能区中,有 33 个水功能区达标,达标率为 78.6%。具体水功能区达标情况:评价保护区 13 个,达标率为 84.6%;评价保留区 13 个,达标率为 61.5%;评价省界缓冲区 3 个,达标率为 100%;评价饮用水水源区 5 个,达标率为 100%;评价景观娱乐用水区 2 个,达标率为 100%;评价工业用水区 1 个,达标率为 100%;评价过渡区 5 个,达标率为 60.0%。南阳市参加考核的 25 个水功能区断面全年达标率 80%,达到考核要求。

洛阳市城区集中式饮用水水源地整体水质级别维持在良,平均水质综合定性评价指数为 0.635,比 2017 年稍有下降。饮用水水源地水环境质量有所好转。洛南水源地混合水综合水质类别 II 类,张庄和李楼两个水源地混合水综合水质类别均为 III 类。3 个集中式饮用水水源地混合水单项因子达标率均为 100%,水质综合定性评价指数分别为 0.560、0.562 和 0.696,各水源地水质级别均为"良好"。与 2017 年相比,洛南水源地混合水综合水质类别由 III 类提升至 II 类,张庄和李楼两个水源地混合水综合水质类别均维持在Ⅲ类,综合定性评价指数分别下降 0.156、0.156 和 0.025。全年总取水量 11395.4 万吨,达标取水量 11395.4 万吨,水质达标率为 100%。

三门峡市市区地表饮用水水源地朱乙河水库水质为"优";地下饮用水水源地二水厂水质为"优",一水厂和涧北水厂水质均为"良好",市区地下饮用水水源地水质为"良好"。备用地表饮用水水源地三门峡水库水质为"良好",备用地下饮用水水源地王官地下水井群水质为"良好"。与 2017 年相比,市区地表饮用水水源地水质级别仍为"优",水质稳定。地下饮用水水源地水质级别均无变化,水质稳定。备用地表饮用水水源地水质级别仍为"良好",水质稳定。备用地下饮用水水源地水质仍为"良好",水质稳定。

驻马店市板桥水库水质所有监测指标年均值均符合Ⅱ类标准。地表水源地达标率和取水水质达标率均为 100%,水质级别为"优"。与上年相比,2018年城市集中式饮用水水源地各项评价因子年均值均无大的变化,饮用水水源地水环境质量保持稳定。

二、水资源利用与废污水排放

(一)水资源利用

2018 年汉江生态经济带(河南段)水资源利用情况见表 3.5。

表 3.5　2018 年汉江生态经济带(河南段)水资源利用情况

(单位:亿立方米)

城市	总供水量			总用水量			
	地表水	地下水	其他	农业	工业	生活	生态
南阳	18.86			18.86			
	6.88 (36.5%)	11.98 (63.5%)	0.08①	11.07 (58.7%)	3.76 (20.0%)	2.91 (15.4%)	1.12 (5.9%)
洛阳	14.97			14.97			
	8.32 (55.5%)	6.16 (41.2%)	0.49 (3.3%)	4.85 (32.3%)	5.09 (34.0%)	3.21 (21.4%)	1.82 (12.3%)
三门峡	4.23			4.23			
	2.81 (66.4%)	1.24 (29.3%)	0.18 (4.3%)	1.36 (32.7%)	1.38 (31.0%)	1.15 (27.1%)	0.34 (8.1%)
驻马店	8.35			8.35			
	2.87 (34.3%)	5.25 (62.9%)	0.23 (2.8%)	4.74 (56.7%)	1.12 (13.4%)	2.49 (29.9%)	

注:南阳市、洛阳市、三门峡市生活用水包括城镇公共、城镇居民及农村居民生活用水;驻马店市农业用水包括农田灌溉、林果灌溉、鱼塘补水和牲畜用水。

①　南阳市的"其他水源"不计入"总供水量"。

括号内数字表示该项占总量的比重。

1. 供水情况

2018 年,南阳市各类供水工程总供水量 18.86 亿立方米(其他水源单独统计,不计入总供水量)。其中地表水源供水量 6.8 亿立方米,占总供水量的 36.5%;地下水源供水量 11.98 亿立方米,占总供水量的 63.5%;其他水源(污水处理回用)供水量 0.08 亿立方米。在地表水源供水中,蓄水工程、引水工程、提水工程和南水北调供水量分别为 5.16 亿立方米、0.79 亿立方米、0.32 亿立方米和 0.62 亿立方米。蓄水工程、引水工程、提水工程和南水北调供水分别占地表水供水总量的 74.9%、11.4%、4.6% 和 9.1%。

洛阳市总供水量为 14.97 亿立方米。其中地表水源供水量 8.32 亿立方米,占总供水量的 55.5%;地下水源供水量 6.16 亿立方米,占总供水量的 41.2%;其他水源(废污水处理回用)供水量 0.49 亿立方米,占总供水量的 3.3%。

三门峡市总供水量为 4.23 亿立方米。其中地表水供水量为 2.81 亿立方米,占总供水量的 66.4%;地下水供水量为 1.24 亿立方米,占总供水量的 29.3%;其他水源(废污水处理回用)供水量 0.18 亿立方米,占总供水量的 4.3%。

驻马店市总供水量为 8.35 亿立方米。其中地表水供水量 2.87 亿立方米,占总供水量的 34.3%;地下水供水量 5.25 亿立方米,占总供水量的 62.9%;其他水源供水量 0.23 亿立方米,占总供水量的 2.8%。

2. 用水情况

2018 年,南阳市总用水量 18.86 亿立方米,其中农业用水 11.07 亿立方米(农田灌溉 9.16 亿立方米),占用水总量的 58.7%;工业用水 3.76 亿立方米,占用水总量的 20.0%;生活用水 2.91 亿立方米(包括城镇公共、城镇居民及农村居民),占用水总量的 15.4%;生态用水 1.12 亿立方米(再生水多用于环境用水,这里不参加统计),占总用水量的 5.9%。

洛阳市总用水 14.97 亿立方米,其中农业用水 4.85 亿立方米,占总用水量的 32.3%;工业用水 5.09 亿立方米,占总用水量的 34.0%;城镇公共用水 0.81 亿立方米,占总用水量的 5.4%;居民生活用水 2.40 亿立方米,占总用水量的 16.0%;生态用水 1.82 亿立方米,占总用水量的 12.3%。

　　三门峡市用水总量为 4.23 亿立方米,其中农业用水 1.36 亿立方米(农田灌溉 1.03 亿立方米),占总用水量的 32.74%;工业用水 1.38 亿立方米,占总用水量的 30.95%;居民生活用水 0.80 亿立方米,占总用水量的 18.78%;城镇公共用水 0.35 亿立方米,占总用水量的 8.36%;生态用水 0.34 亿立方米,占总用水量的 8.08%。

　　驻马店市用水总量为 8.35 亿立方米,其中农业用水 4.74 亿立方米(包括农田灌溉、林果灌溉和鱼塘补水),占总用水量的 56.7%;工业用水 1.12 亿立方米,占总用水量的 13.4%;生活、生态综合用水 2.49 亿立方米,占总用水量的 29.9%。

(二)废污水排放

　　2018 年汉江生态经济带(河南段)废污水排放量见图 3.4。

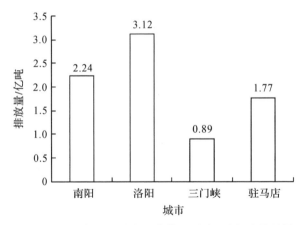

图 3.4　2018 年汉江生态经济带(河南段)废污水排放量

注:数据来自 2018 年河南省环境统计年报。

　　2018 年,根据河南省生态环境厅统计,南阳市全市废污水排放总量为 2.24 亿吨,比上年增加 0.03 亿吨,其中,第二、第三产业废污水占 72.8%,生活废污水占 27.2%。

　　洛阳市废污水排放总量为 3.12 亿吨,其中,主要水污染物 COD(化学需氧量)排放量 1.86 亿吨,氨氮排放量 1462.7 吨。

　　三门峡市废污水排放总量为 0.89 亿吨。

　　驻马店市废污水排放总量为 1.77 亿吨。

南水北调篇

第四章 南水北调中线工程水源区生态经济协调发展研究

第一节 研究背景

一、环境基础

2014年12月12日,南水北调中线一期工程正式通水,标志着经过几十万建设大军历时十年的艰苦奋斗,中线一期工程目标全面实现。这是我国改革开放和社会主义现代化建设进程中的一件大事,成果来之不易。2021年5月13日,习近平总书记在丹江口水库考察时指出,南水北调工程是重大战略性基础设施,功在当代,利在千秋。[①] 希望继续坚持先节水后调水、先治污后通水、先环保后用水的原则,加强运行管理,深化水质保护,强抓节约用水,保障移民发展,做好后续工程筹划,使之不断造福民族、造福人民。因此,水源区环境保护是南水北调中线工程正常运行的核心与保证。

(一)中线一期工程正式通水是南水北调长期工程的开端,任重道远

南水北调中线一期工程通水后,丹江口水库每年向河南、河北、北京、天津4省市沿线地区的20多个城市提供生活和生产用水,75%以上土地面积位于丹江口库区流域的十堰市,承担着保护水源区生态环境的重大任务。十堰市地表水水量与水质双高是南水北调中线工程得以顺利推进的重要基础。在此基础上,中线工程可调水量按丹江口水库后期规模完建,平均每年可调出水量141.4亿立方米,一般枯水年可调出水量约110.0亿立方米,供水范围主要是唐白河平原和黄淮海平原的西中部,供水区总面积约15.5万

---

① 深入分析南水北调工程面临的新形势新任务 科学推进工程规划建设提高水资源集约节约利用水平[EB/OL]. (2021 - 05 - 14). http://jhsjk.people.cn/article/32103854.

平方公里。中线一期工程正式通水是南水北调长期工程的开端,通水后水源区水质必须符合南水北调要求,十堰任重而道远。

(二)十堰生态条件得天独厚,是保证中线工程水源质量的基础

首先是河流水系发达,水利水电资源丰富。十堰市作为南水北调中线工程的水源区和调水源头,境内水系发达,河网密布,共有大小河流 2489 条。境内水系均属于长江第一大支流汉江水系,流域面积在 100 平方千米以内的河流有 2410 条;流域面积为 100—500 平方公里的河流有 62 条;流域面积为 500—1000 平方公里的河流有 9 条;流域面积为 1000—5000 平方公里的河流有 6 条;流域面积在 5000 平方公里以上的河流有 2 条。

其次是生物多样性条件优越,森林覆盖率高。十堰市是湖北省生物资源较为丰富的地区之一,共有动植物 3000 多种。野生植物 113 科 337 属 1470 种,其中乔木 702 种,灌木 644 种,藤本植物 124 种。林存量和优势树种较多,截至 2013 年,十堰有林地面积达 130 万公顷,活立木蓄积量达 6645 万立方米,两项指标均跃居全省第一,建有国家级自然保护区 1 个、省级自然保护区 5 个、省投国有林场 22 个,森林覆盖率达 64.7%,省内仅次于神农架林区和宜昌市。

(三)水源区环境保护取得显著成效,但也存在一系列问题

十堰市对生态环境的保护与建设持续推进,经过几十年的生态建设,森林覆盖率、水质指标等方面都取得了显著的成绩,造就了十堰山清水秀的生态本底,但仍存在一系列问题。

首先是水源准保护区建设用地比例接近 10%,面临污染风险。根据《丹江口库区及上游水污染防治和水土保持"十二五"规划》,丹江口水库 172 米水位线向外延伸 1 公里定义为丹江口水库的缓冲带,即准保护区。结合土地利用遥感解译结果和现场调查,通过 GIS 空间叠加分析绘制土地利用类型,结果显示丹江口水库库滨缓冲带 1 公里范围内的土地利用类型以耕地和林地为主,分别占缓冲带面积的 50.1% 和 40.9%,建设用地占比 9.1%,接近建设用地适宜比例(10%—20%),因此,十堰市丹江口库区岸线准保护区的城市建设需统筹控制,以实现对库区水源的保护与岸线的生态控制。

其次是山体利用缺乏理念指导,生态破坏较为严重。随着十堰市社会经济的快速发展,城市空间的日益扩展与城市建设用地严重不足的矛盾越来越突出,城区建设主要靠开挖边角及少量可开挖利用的山体。山地的利用增加了城市建设用地,但开山建设有较大的随意性,而劈山建房又导致部分山体绿化遭到破坏,没能得到及时修复,造成水土流失,影响生态环境。2010年后,随着新型工业企业入驻十堰及十堰现有工业企业的优化整合,为突破土地瓶颈制约,十堰近几年大力施行低丘缓坡土地治理政策。大规模的低丘缓坡治理对十堰市的生态环境带来了一定的负面影响。

二、产业背景

南水北调中线工程水源区十堰市是中国汽车制造业的摇篮,是世界前三、中国第一的商用车生产基地,也是全国汽车产业链条最完整、产业集群优势最明显、产业化程度最高的特色城市。截至2013年底,全市有汽车及零部件生产企业500余家,拥有东风、三环十通、世纪中远等知名品牌企业。汽车制造业是该地区主要的经济支柱产业,每天1300多辆汽车下线,为该地区乃至国民经济的发展做出了巨大贡献。然而,汽车制造业在由传统产业向高端制造业转变的过程中,显现出一些弊端和问题,使得同时作为南水北调水源区的十堰在协调生态保护和产业发展关系时面临严峻的挑战。

(一)汽车保有量增长迅速,引发环境问题

根据公安部统计数据,截至2013年底,全国机动车数量突破2.5亿辆,汽车保有量达1.37亿辆,是2003年汽车保有量的5.7倍,占全部机动车的54.9%,比2003年提高了29.9%。全国有31个城市的汽车数量超过100万辆,其中北京、天津、成都、深圳、上海、广州、苏州、杭州等8个城市汽车数量超过200万辆,北京超过500万辆。根据十堰市统计数据,十堰汽车保有量2013年超过50万辆,比2006年翻了一倍多。汽车对环境可能造成的污染包括:高度消耗自然资源,汽车制造过程中对氟利昂、铅基涂料、油漆溶剂的使用造成的污染,噪声污染,道路交通拥堵,导致城市烟雾,修建公路、停车场和加油站影响环境等。汽车数量剧增,使得上述污染的不利影响呈扩大趋势,而且这些影响效应往往相互叠加,引发诸多问题。

(二)传统汽车制造业出现产能过剩迹象

汽车行业,既包括作为国民经济支柱的传统汽车业,又包括作为国家转变产业结构重要突破口的战略性新兴产业(新能源汽车),当前正处于重要的转型发展期。2013年1月22日,工信部、发改委、财政部等国务院促进企业兼并重组工作部际协调小组12家成员单位联合印发了《关于加快推进重

点行业企业兼并重组的指导意见》(以下简称《意见》),指出汽车、钢铁等领域和行业组织结构不尽合理,产业集中度不高,企业小而分散,社会化、专业化水平较低,缺乏能引领行业健康发展的大企业,从而引发重复建设、产能过剩、恶性竞争等突出问题。《意见》指出,将以汽车、钢铁、水泥等九大行业为重点,推进企业兼并重组。2013年11月,工信部发布了《特别公示车辆生产企业(第1批)》,48家车企被列入"劝退"名单,须在两年之内完成整顿,否则将被取消生产资质。2015年12月2日,工信部发布了《特别公示车辆生产企业(第2批)》。在2015年6月9日举行的2015(第六届)全球汽车论坛上,多位车企负责人对汽车产能过剩问题达成共识。2015年中国汽车总产能达到4000万辆,比全年预期销量高出一倍,产能利用率不到80%。其中自主品牌整体产能利用率不容乐观,在抽样调查的19家自主品牌中,有15家产能利用率低于50%。

(三)地区汽车零部件产业无法与整车生产实现良好互补

在汽车工业的带动下,地区汽车零部件工业获得了长足的进步。但是总体来看,其发展相对滞后,在自主研发、技术进步、产业规模和结构、配套能力建设等方面还存在诸多问题:①自主研发、技术创新、系统集成能力较弱。目前来看,地区汽车零部件企业在产品更新换代上反应迟缓,跟不上汽车产品更新换代的需求。许多产品为商用车配套,能为乘用车配套的不多。相当一部分零部件企业仍然依靠模仿进行生产,对于技术改造和产品研制开发资金投入不多,缺乏自主开发的技术。②产业结构分散,生产集中度低。地区汽车零部件工业虽已形成相对集聚优势,但产业结构不合理,生产集中度低,"集而不聚"的现象依然存在,即使是相对集中的几个地区,真正达到规模要求的也不多,尚未真正形成按专业化分工、分层次合理配套的产业结构,整体优势难以体现出来。③零部件产品与整车的配套能力较弱。汽车零部件企业的散、乱现象依然比较严重,加之技术水平、生产工艺有限,地区汽车零部件产业对整车生产的配套能力较弱。

三、研究意义

(一)考察水源区水资源质量和环境保护现状

南水北调工程是实现我国水资源合理配置、纾解北方广大地区水资源短缺困境的重大战略性基础设施,其水源区的环境状况一直受到社会密切关注。广义的南水北调中线水源区包含丹江口水库库区以及汉江、丹江所包含的支流流域,涉及陕西省、河南省和湖北省的多个市区。本章所指的是狭义的南水北调中线水源区,即南水北调中线工程主要调水水库丹江口库区所在地十堰,其境内的丹江口水库是亚洲第一大人工淡水湖,碧波万顷,滔滔汉水从这里跨越千山万水,润泽京、津、冀、豫地区的亿万人民。

十堰是中线工程核心水源区,被划为"限制开发区",这就意味着,十堰这座工业城市、国家连片扶贫开发地区必须直面发展新课题,抓住南水北调对口协作机遇,为生态环境保护争取资金,建设绿色健康、生态清洁的十堰市,全力筑牢南水北调中线核心水源区绿色生态屏障,确保"一库清水送北京"。

本章的研究目的在于通过调查深入了解目前南水北调中线工程核心水源区的水资源质量、环境资源现状以及污染治理状况,构建水源区环境保护评价指标体系,提出抓住南水北调对口协作机遇,有效利用协作资金和当地资源促进水质提升的措施及方法,从根本上探索出一条生态文明建设的长久道路。

(二)考察水源区制造业发展现状,探索适应环保要求的崭新道路

制造业体现着一国的生产力水平,在一国经济中占有举足轻重的地位,是国民经济的基础产业。过去很长一段时间,我国制造业的飞速发展是以牺牲环境和浪费资源为代价的,高耗能、高污染、低产出的产业发展模式严重阻碍了经济可持续发展。

作为地区经济支柱的十堰市传统制造业正处于转型升级的关键时期,国家传统制造业整体转型升级大趋势和作为南水北调水源区的使命,对十堰提出了必须实现环境保护与制造业协调发展的新要求和新目标。

2015年7月,国家发改委发布了《增强制造业核心竞争力三年行动计划(2015—2017年)》,引导社会资本加大投入力度,组织实施增强制造业核心竞争力重大工程,推动我国制造业向着高端、智能、绿色方向发展,并且让传统制造行业开始反思目前的发展状况,提出了通过向高端制造业转型实现与环境保护协调发展的要求。因此,在环境保护的前提下发展制造业经济,就要实现制造业经济的生态化转型,调整产业结构,转变产业生产模式,最大限度降低制造业经济运行对生态环境的影响。

本章通过调查南水北调中线工程水源区制造业发展状况,分析该地区制造业发展能力以及高端制造业培育基础,构建制造业协同发展评价指标体系,

结合协同理论,为水源区经济支柱产业探索适应环保要求的崭新道路。

(三)为水源区环境保护与制造业发展协调关系评价提供衡量标准和政策建议

本章相关调查研究采用的方法是调查与统计分析相结合,具体评价指标选择耦合度与耦合协调度。耦合度源于协同理论,可反映系统或要素彼此影响的程度。协同作用左右着系统相变的特征与规律,耦合度正是反映这种协同作用的度量,耦合作用和协调程度决定了系统在达到临界区域时将走向何种序与结构。由此,可以把环境保护和制造业发展之间通过各自的耦合元素产生相互影响的程度定义为环境保护和制造业发展的耦合度,其大小反映了环境保护和制造业发展之间的协调程度。在耦合度基础上引入耦合协调度函数,通过计算得到的两个子系统之间的协调程度,不仅能反映系统耦合作用的强度,而且能反映系统整体功效与协同效应,真实反映两个子系统间的协同发展情况。

因此,本章采用耦合度和耦合协调度来评价水源区环境保护与制造业发展的协调程度。根据环境保护与制造业发展的耦合协调度以及两个子系统之间的关系,将耦合系统按照协调度的高低划分层次,每个层次代表一种协调程度类型。根据调研数据计算得到的耦合协调度,确定各个年份水源区环境保护与制造业发展的协调程度类型,描绘耦合协调度曲线,反映两者协调关系的状态及隐患所在,进而对隐患产生原因进行分析,为政策制定提供依据。

本章所指的南水北调中线水源区是狭义的,即南水北调中线工程主要调水水库丹江口库区所在地十堰,辖4县(郧西县、竹山县、竹溪县、房县)、1市(丹江口市)、3区(茅箭区、张湾区、郧阳区)及武当山旅游经济特区、十堰经济开发区,总人口350万。

南水北调中线工程水源区环境资源现状方面,课题组调查以监管环境和出台环境保护政策的相关事业单位为主要对象,以“三废”排放和处理综合利用、丹江口库区水质、生态环境建设为主纲,对十堰市环境保护现状进行了系统调查;南水北调中线工程水源区制造业发展现状方面,课题组以制定十堰市产业发展政策的相关事业单位为主要对象,以地区传统制造业发展现状、高端制造业培育基础以及制造业未来发展态势为主纲,对十堰市制造业发展状况进行了系统调查。

第二节　理论基础

一、生态保护与制造业发展的耦合关系

研究生态保护与制造业发展的协调程度,首先需要分析两者的耦合关系。如图 4.1 所示,在某一特定时段,假设地区 GDP 主要投入在支柱产业如制造业,此时生态保护滞后于制造业发展,即制造业发展超过环境承载力,制造业发展与生态保护之间产生了不平衡。随着地区支柱产业的发展,地区 GDP 增加,经济增强,投入资金总量增加,带动生态保护投入提高,制造业发展与生态保护逐渐趋于平衡,最终达到最佳动态平衡;当生态保护力度进一步加大超过制造业发展时,则必然会减少地区 GDP 向制造业的投入并且提高制造业污染排放标准,增加制造业成本,抑制制造业发展,制造业发展与生态保护之间再次产生不平衡。由于制造业是地区支柱产业且前后向关联很强,会给地区经济带来不利影响,此时地区制造业必须探索适应生态保护要求和经济新常态的发展道路,使得制造业发展与生态保护在新的水平上达到最佳动态平衡。

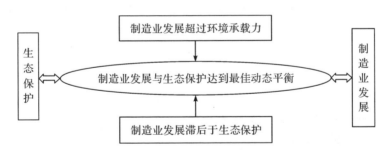

图 4.1　生态保护与制造业发展的耦合关系

因此,只有生态保护与制造业发展之间处于动态平衡状态,两者才能够协调发展。在南水北调中线工程水源区的地域范围内,如果两者的关系不协调,必然会给南水北调中线工程通水后水源区发展带来隐患。如何排除这一隐患是水源区当前亟待解决的问题。

从协同发展的角度出发,本章以南水北调中线工程水源区调查数据为

样本,构建生态保护评价与制造业发展评价指标体系,运用生态保护与制造业发展耦合协调度模型计算耦合度和耦合协调度,以此衡量两者的协调关系,并对实证结果进行深入剖析,以期发现南水北调中线工程通水后可能存在的隐患,为政府部门制定相关政策提供建议。

二、协同学与耦合度

耦合度用来反映系统或要素彼此影响的程度。从协同学的角度看,耦合作用和协调程度决定了系统在达到临界区域时将走向何种序与结构。系统在相变点处的内部变量可分为快弛豫变量、慢弛豫变量,慢弛豫变量是决定系统相变进程的根本变量,即系统的序参量。系统由无序走向有序的关键在于系统内部序参量之间的协同作用,它左右着系统相变的特征与规律,耦合度是反映这种协同作用的度量。由此,可以把生态保护和制造业发展之间通过各自的耦合元素产生相互影响的程度定义为生态保护和制造业发展的耦合度,它的大小反映了生态保护和制造业发展之间的协调程度。

(一)功效函数

设 $u_{ij}(i=1,2,\cdots,m;j=1,2,\cdots,n)$ 为生态保护子系统与制造业发展子系统的评价观测指标。定义 $U_i=\sum_{j=1}^{n}\lambda_{ij}u_{ij}{}'(i=1,2,\cdots,m)$ 为众多观测指标组成的子系统的外在发展功效,即子系统的评价指标体系,当 $i=1$ 时,$U_1=\sum_{j=1}^{n}\lambda_{1j}u_{1j}{}'$,当 $i=2$ 时,$U_2=\sum_{j=1}^{n}\lambda_{2j}u_{2j}{}'$,依此类推,其中 λ_{ij} 为各指标的权重,因此,$\sum_{j=1}^{n}\lambda_{ij}=1(i=1,2,\cdots,m)$,当 $i=1$ 时,$\sum_{j=1}^{n}\lambda_{1j}=1$,当 $i=2$ 时,$\sum_{j=1}^{n}\lambda_{2j}=1$,依此类推。采用极差法对指标做标准化处理。

正向指标的公式为

$$u_{ij}{}'=\frac{(u_{ij}-\min u_{ij})}{(\max u_{ij}-\min u_{ij})} \tag{4.1}$$

负向指标的公式为

$$u_{ij}{}'=\frac{(\max u_{ij}-u_{ij})}{(\max u_{ij}-\min u_{ij})} \tag{4.2}$$

(二)耦合度函数

耦合度的计算要借鉴物理学中的容量耦合概念及容量耦合系数模型,

推广得到多个系统相互作用的耦合度模型。

1.耦合度模型建构

耦合度 C_n 的计算公式为：

$$C_n = \left[\frac{\prod\limits_{i} U_i}{\prod\limits_{ij} (U_i + U_j)} \right]^{\frac{1}{m}}$$ （4.3）

式中，$U_i (i = 1, 2, \cdots, m)$、$U_j (j = 1, 2, \cdots, n)$ 为子系统对总系统的序参量。

本章只有生态保护和制造业发展两个子系统，经降维处理得到两者之间的二维耦合度计算函数

$$C = \left[\frac{U_1 \cdot U_2}{(U_1 + U_2)(U_2 + U_1)} \right]^{\frac{1}{2}}$$ （4.4）

式中，C 为生态保护与制造业发展的耦合度，由式（4.4）可知，C 介于 0 和 1 之间。当 C 趋向于 0 时，认为生态保护与制造业发展的耦合系统处于耦合失谐状态，即制造业发展的同时并未能有效保护生态环境；当 C 趋向于 1 时，认为生态保护与制造业发展的耦合系统处于高效耦合状态，即在制造业发展的同时生态环境得到有效保护。

2.权重确定

权重的确定通常采用专家咨询法、层次分析法，但这两种方法主观性较强，往往会使评价结果发生偏差。本章采用熵权法计算各指标的权重。熵权法的基本思路是根据指标变异性的大小确定客观权重，计算过程如下。

（1）采用前面介绍的极差法对数据做标准化处理。

（2）根据信息论中信息熵的定义，一组数据的信息熵为

$$E_j = -\ln(n)^{-1} \sum_{i=1}^{m} p_{ij} \ln p_{ij}$$ （4.5）

式中，p_{ij} 表示第 j 指标下的第 i 个子系统占该指标的比重，计算公式为

$$p_{ij} = \frac{u_{ij}'}{\sum\limits_{i=1}^{m} u_{ij}'}$$ （4.6）

（3）求出各指标的信息熵 $E_j (j = 1, 2, \cdots, n)$ 之后，各指标的权重计算公式为

$$\lambda_{ij} = \frac{1 - E_j}{m - \sum\limits_{j=1}^{n} E_j} (i = 1, 2, \cdots, m)$$ （4.7）

（三）协调度函数

根据前述模型可计算出生态保护与制造业发展的耦合度，这对判断生态保护与制造业发展耦合作用的强弱有重要意义。耦合度 C 作为反映生态保护与制造业发展相互影响、相互作用的指标，能较好地反映生态保护与制造业发展相互协调的程度，但耦合度并不能反映两个子系统之间的整体协同发展情况，而耦合协调度不仅能够反映系统耦合作用的强度，又能够反映系统整体功效与协同效应。为了进一步反映生态保护与制造业发展的整体协调程度，需要引入耦合协调度函数，通过计算两个子系统之间的耦合协调程度，真实反映两个子系统间的协同发展情况，具体函数为

$$D = (C \times T)^{\frac{1}{2}} \tag{4.8}$$

$$T = aU_1 + bU_2 \tag{4.9}$$

式（4.8）中，D 为耦合协调度；T 为生态保护与制造业发展的综合调和指数，反映两个系统间的整体协同效应。

式（4.9）中，a、b 为待定系数，考虑到生态保护与制造业发展对整个水源区发展而言同等重要，因此 a、b 同取 0.5。

根据生态保护与制造业发展耦合协调度 D 以及两个子系统之间的关系，将耦合系统按照协调度的高低划分为 4 个一级分类层次和 12 个二级分类层次（见表 4.1）。

表 4.1　生态保护与制造业发展耦合协调类型

一级分类	U_1 与 U_2 的对比关系	二级分类	耦合阶段	耦合协调类型
0<D≤0.3	U_1<U_2	Ⅰ	失调	衰退类生态保护滞后型
	U_1=U_2	Ⅱ	失调	衰退类生态保护、制造业发展同时受损型
	U_1>U_2	Ⅲ	失调	衰退类生态保护超前，制造业发展受损型
0.3<D≤0.5	U_1<U_2	Ⅳ	濒临失调	停滞类生态保护滞后型
	U_1=U_2	Ⅴ	濒临失调	停滞类生态保护、制造业发展同时受损型
	U_1>U_2	Ⅵ	濒临失调	停滞类生态保护超前，制造业发展受损型
0.5<D≤0.7	U_1<U_2	Ⅶ	勉强调和	低质量发展类生态保护滞后型
	U_1=U_2	Ⅷ	勉强调和	低质量发展类生态保护、制造业发展同步型
	U_1>U_2	Ⅸ	勉强调和	低质量发展类生态保护超前，制造业发展受损型
0.7<D≤1.0	U_1<U_2	Ⅹ	优质协调	高质量发展类生态保护滞后型
	U_1=U_2	Ⅺ	优质协调	高质量发展类生态保护、制造业发展同步型
	U_1>U_2	Ⅻ	优质协调	高质量发展类生态保护超前，制造业发展滞后型

第三节　南水北调中线工程水源区生态
保护状况与经济发展现状

一、水源区生态保护状况

(一)水质现状

2016 年 1—6 月,十堰市 34 个地表水监测断面中,地表水水质总体为"优",符合Ⅰ—Ⅲ类标准的断面占 91.2％(全省为 89.4％,全国为 68.8％),劣Ⅴ类断面占 5.9％,水质达标率为 94.1％(32 个断面合格),与 2015 年同期相比水质达标率上升 2.9 个百分点,两个超标断面为泗河口和剑河口。

丹江口库区干流及支流属于南水北调中线工程的水源区和调水源头之一。随着十堰市水环境综合整治的不断推进,十堰市全市河流、库区水环境质量逐年提高(见表 4.2),2006—2015 年,丹江口库区干流及支流水质总体良好,5 个监测断面水质评价标准执行《地表水环境质量标准》(GB3838—2002)Ⅱ类水体要求。

表 4.2　2006—2015 年丹江口库区干流及支流水质类别

所在河流	断面名称	所在地区	断面水质										
			规划类别	2006年	2007年	2008年	2009年	2010年	2011年	2012年	2013年	2014年	2015年
汉江	陈家坡	十堰市	Ⅱ	Ⅱ	Ⅱ	Ⅱ	Ⅱ	Ⅱ	Ⅱ	Ⅱ	Ⅱ	Ⅱ	Ⅱ
	蔡湾	丹江口市	Ⅱ	Ⅱ	Ⅰ	Ⅱ	Ⅰ	Ⅱ	Ⅰ	Ⅱ	Ⅱ	Ⅰ	Ⅰ
堵河	柿湾	竹山县	Ⅱ	Ⅱ	Ⅱ	Ⅱ	Ⅱ	Ⅱ	Ⅱ	Ⅱ	Ⅱ	Ⅱ	Ⅱ
	方滩	郧县①	Ⅱ	Ⅱ	Ⅱ	Ⅱ	Ⅱ	Ⅱ	Ⅱ	Ⅱ	Ⅱ	Ⅱ	Ⅱ
	焦家院	十堰市	Ⅱ	Ⅱ	Ⅰ	Ⅱ	Ⅱ	Ⅱ	Ⅱ	Ⅱ	Ⅱ	Ⅱ	Ⅱ

数据来源:2006—2015 年湖北省环境保护厅发布的环境质量环境状况公告。

---

① 2014 年郧县改为郧阳区。

汉江干流水环境功能区划共有两个功能区,即十堰市和丹江口市。2006—2015年,十堰市的断面水质均为Ⅱ类,丹江口市的断面水质为Ⅰ类和Ⅱ类各占50%。堵河干流水环境功能区划共有三个功能区,即竹山县、郧县、十堰市。2006—2015年,这三个区域的断面水质大部分为Ⅱ类,堵河干流十堰功能区在2007年断面水质达到Ⅰ类。

为了确保境内入库河流水质稳定达标,十堰市自2012年12月起全面开展了神定河、泗河、犟河、剑河、官山河五条不达标河流治理工程,全力实施截污、清污、减污、控污、治污五大系统工程,截至2019年,十堰市使用的污水处理技术已达27种,除了国际先进的3种治污技术,还使用国内先进治污技术4种,国内治污新技术11种,国内通用污水处理技术9种。计划到2030年,全市水环境质量全面改善,生态系统实现良性循环。

(二)城市生态环境建设状况

十堰市域内通过建设生态保护区强化生态保护,生态保护与建设整体情况趋好。通过国家级森林公园、国家级风景名胜区、省级以上公益林及一般林地的建设,对山地生态保育区进行保护控制;通过基本农田建设,对农业保护区进行保护控制;通过国家级湿地公园和河流生态廊道的建设,对湿地生态保护区进行保护控制。截至2021年,市域内共有14个森林公园,其中国家级7个,省级7个;共有10个自然保护区,其中国家级3个,省级6个,市级1个;共有8个湿地公园,其中国家级6个,市级2个。城市生态环境建设状况主要通过城市环境建设、生态环境状况、城市空气质量、森林覆盖率等指标反映。

1.城市环境建设

十堰市城区建成区面积85.43平方千米,其中居住用地面积24.03平方千米,工业用地面积31.73平方千米。城市道路长度723公里,面积708万平方米。园林绿地面积3217公顷,其中建成区绿地面积3115公顷。截至2014年,绿化覆盖面积相比2005年增加了8.5%左右,建成区绿化覆盖率为37.8%,绿化工作稳步推进(见表4.3)。此外,截至2014年,城区拥有市容环卫专用车辆317台,年垃圾无害化处理量达48万吨,市区二氧化硫和二氧化氮年度均值达到《环境空气质量标准》二级标准,全市区域环境噪声昼间平均等效A声级54.8分贝,全市交通干线噪声昼间平均等效A声级70.7分贝。

表 4.3　2005—2014 年十堰市园林绿化情况

年份	绿化覆盖面积/公顷	建成区绿化面积/公顷	建成区绿化覆盖率/%
2005	15116	4002	26.48
2006	14329	3943	27.52
2007	15061	4698	31.19
2008	15118	4744	31.38
2009	15184	4818	31.73
2010	15432	4992	32.35
2011	16291	4907	30.12
2012	16026	5764	35.97
2013	16249	6002	36.94
2014	16397	6190	37.75

数据来源:2005—2014 年十堰市统计年鉴。

2. 生态环境状况

生态环境状况指数(EI)是反映被评价区域生态环境质量状况的一系列指数的综合,具有综合评价意义。根据图 4.2,十堰地区生态环境状况指数在 2005—2006 年出现迅猛上升后,自 2007 年起均大于 75,生态环境质量为优。[①]

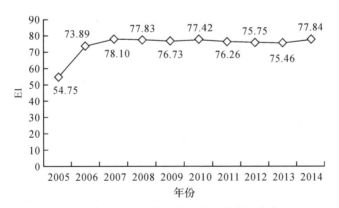

图 4.2　2005—2014 年十堰市生态环境状况指数(EI)

数据来源:2005—2014 年湖北省环境保护厅发布的环境质量状况公告。

---

① 根据生态环境状况指数,将生态环境分为五级,即优、良、一般、较差和差,EI≥75 时生态环境质量方为优。

3.城市空气质量

从图4.3中可以看出,2005—2014年,十堰市的空气质量优良天数比例总体较高,基本保持在80%以上。十堰市的空气质量优良天数比例逐年上升,在2011年达到10年间最高,2011—2015年,优良天数比例开始下降,2015年跌破80%。

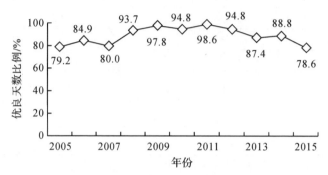

图4.3　2005—2015十堰市空气质量年优良天数比例

数据来源:2005—2014年湖北省环境保护厅发布的环境质量状况公告。

4.森林覆盖率

1975—2009年4次森林资源调查结果显示,十堰市林业用地总体呈增加趋势,期末比期初的林地面积增加了321474.23平方米,增幅达20%,植树造林159万亩,森林覆盖率由1975年的30.6%提升至2015年的63.0%,分别高出全国(44.7%)、全省(26.3%)平均水平18.3个、36.7个百分点,全市林地面积2896万亩,约占全省林地面积的1/4。十堰市30余年来在消灭荒山、保护森林等方面做出了巨大的努力,生态建设取得了显著成效。

(三)工业污染物排放治理

表4.4数据显示,十堰市工业二氧化硫排放量由2005年的34555吨减少至2014年的25391吨。工业废水排放总量从2005年的447万吨减至2014年的2112万吨,工业废水达标率逐年增加,工业固体废弃物产生量在2012年后稳定在400万吨左右,"三废"综合利用产品产值将近40000万元,工业粉尘去除率在2010年后大幅提高,2013年达到100%,能源消耗量在2011年后逐年减少。值得注意的是,废气排放总量在2009年前波动较大,2010年后逐年大幅提升,这一现象与汽车保有量在2010年后大幅上升有关。

表 4.4　2005—2014 年十堰市"三废"排放、处理、综合利用指标

年份	废气排放总量/亿标立方米	工业二氧化硫排放量/吨	工业粉尘产生量/吨	工业粉尘去除量/吨	工业粉尘去除率/%	工业废水排放总量/万吨	工业废水达标率/%	工业固体废弃物产生量/万吨	"三废"综合利用产品产值/万元	能源消费量/万吨标煤
2005	508	34555	91209	61059	66.94	4472	99.94	107	14353	173
2006	1055	35984	103830	75478	72.69	4336	97.27	106	12650	169
2007	615	34798	68942	50698	73.50	2828	94.49	115	42460	167
2008	449	21780	58657	44752	76.30	2702	93.45	176	39185	177
2009	280	31618	65392	52525	80.32	2772	97.86	178	37445	192
2010	572	31794	195391	190403	97.45	2700	98.71	268	38733	222
2011	749	26947	1425460	1405260	98.58	2330	—	378	—	243
2012	755	25519	869272	850497	97.84	2244	—	403	—	240
2013	861	25785	619840	604473	100.00	2144	—	404	—	237
2014	858	25391	1023569	1015610	99.00	2112	—	401	—	215

注：数据来自 2006—2015 年十堰市统计年鉴。工业废水达标率和"三废"综合利用产品产值两项指标的市级数据自 2011 年起开始不再统计，数据缺失。

二、水源区制造业发展现状

(一)水源区制造业产出水平

工业增加值是工业企业在报告期内以货币表现的工业生产活动的最终成果，是工业统计中用于反映产出水平的一项基础指标。从表 4.5 中可以看出，2005—2014 年，十堰市工业增加值呈现稳步上升趋势。工业增加值占 GDP 的比重有助于衡量工业企业在经济中的重要性，从表 4.5 中可以看出，十堰工业增加值占 GDP 的比重波动较大，但自 2010 年以来均未低于45.0%，可见工业仍然是带动地区经济增长的主要动力。

第二产业增加值是反映第二产业发展现状的核心指标，从表 4.5 中可以看出，2005—2014 年十堰市第二产业增加值呈现逐年上升趋势，说明地区制造业发展态势良好。特别是 2008 年东风大商用车战略以及 2009 年东风集团与沃尔沃集团合作，对十堰地区制造业经济起到了全面带动效应，带动十堰市第二产业增加值增长了 57.8%。

表 4.5　2005—2014 年十堰市工业增加值统计

年份	工业增加值 /亿元	工业增加值 占 GDP 的比重/%	第二产业 增加值/亿元	十堰市 GDP /亿元
2005	136.11	44.4	151.1	306.63
2006	141.69	41.9	160.8	338.15
2007	172.39	41.9	197.8	411.42
2008	204.21	41.9	225.0	487.36
2009	229.02	41.6	254.8	550.96
2010	377.92	51.3	402.1	736.78
2011	418.65	49.2	451.9	851.25
2012	452.45	47.3	490.3	955.68
2013	498.04	46.1	547.0	1080.59
2014	551.53	45.9	610.1	1200.82

数据来源:根据 2006—2015 年十堰市统计年鉴整理。

(二)水源区制造业盈亏状况

从表 4.6 可以看出,2010—2015 年十堰市规模以上工业企业的主营业务收入虽然逐年增加,但增速有所放缓。利润总额在 2012 年出现较大幅度下降,2013 年回升后增速缓慢。分析其原因,2010 年作为"十一五"规划的收官之年,十堰在这一年面临的发展机遇最多,全市围绕年初确定的"两个突破""三大目标"和"四项任务",使各项产出快速上升;2012 年,制造业普遍出现产能过剩,国家相继出台一系列产能过剩治理措施,十堰制造业面临传统制造业转型升级的严峻课题,各项盈利指标增速大多有所回落。

表 4.6　2010—2015 年十堰市规模以上工业企业盈亏状况

年份	主营业务收入 /亿元	利润总额 /亿元	税金总额 /亿元	亏损企业 /家	亏损面 /%	产品产销率 /%	产销率同比变化/%	利润变化率 /%
2010	1137.8	149.8	21.9	151	−12.7	97.6	—	—
2011	1234.6	182.8	21.1	102	5.6	97.1	−0.5	22.0
2012	1218.3	148.9	25.3	134	−0.6	96.5	−0.6	−18.5
2013	1562.7	163	46.7	138	−4.7	98.5	2.1	9.5
2014	1677.0	164.7	49.3	126	−5.5	96.5	−1.8	1.0
2015	1638.4	166.7	51.8	159	2.2	—	—	1.2

数据来源:根据 2010—2015 年十堰市国民经济和社会发展统计公报整理。

除此之外,亏损企业自 2012 年起逐年增加,产品产销率总体呈下降趋势,反映出一些传统工业产品无法满足市场需求,销售规模有所缩小,部分制造业产业发展较慢。因此,近年来,十堰市大力鼓励并培育战略性新兴产业,加快制造业转型升级和产业结构优化,以适应市场对产品创新的需求。

(三)水源区制造业产品流通情况

十堰已形成从整车到零部件生产的完整产业链,主要由整车生产、总成装备、零配件三大部分组成。十堰整车生产和总成装备分别以东风集团企业东风商用车和东风有限公司装备公司为代表,其中,商用车产量排名全国第一。除了以东风商用车为标志的整车生产以外,十堰的汽车零部件生产也在全国颇具影响力。目前,全国已形成五大汽车零部件流通城市网络,十堰是网络骨干城市之一,其汽车零部件配套流通网络共有 7 个成员,分别为上海、重庆、襄樊、杭州、武汉、瑞安、长春(见图 4.4)。

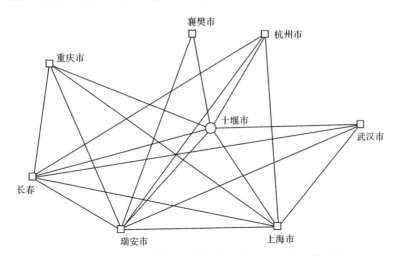

图 4.4　十堰骨干城市汽车零部件配套流通网络拓扑结构

资料来源:《十堰 2049 远景发展战略规划总报告(成果汇报稿)》。

(四)水源区制造业创新能力

制造业创新能力主要体现在技术创新支撑保障能力和技术创新资源投入等方面。

制造业技术创新支撑保障能力是整个行业技术创新的基本条件。目前十堰市的制造业正处于产业价值链中低端位置,向产业价值链高端延伸存在一定困难。市政府为了加快十堰经济快速健康发展,通过国家科技计划

(专项、基金等)支持关键核心技术研发,发挥行业骨干企业的主导作用和高等院校、科研院所的基础作用,建立了一批产业创新联盟。

技术创新资源投入是指制造业在技术创新过程中投入的主要资源的数量和质量,是整个行业技术创新过程的起始点,包括技术创新的人员、资金、技术及设备投入。从图 4.5 中可以看出,2005—2014 年,十堰市科研经费投入在 2007 年之后开始稳步上升,2011 年开始增速加快;科技机构人员数有所增加,但增速不快,2013 年与前两年相比略有下降;科技支撑项目数在 9 年中变化不大,但结合科研经费投入指标,可以看出项目平均资助经费在 2011 年后大幅上升。

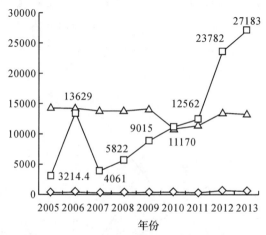

图 4.5 2005—2013 年十堰市技术创新资源投入情况
数据来源:根据 2006—2014 年十堰市统计年鉴整理。

(五)水源区经济发展情况

地区制造业发展能力与地区经济发展水平息息相关,较高的经济发展水平是地区制造业平稳快速发展的保障,也是地区制造业转型升级的基础。与制造业相关的地区经济发展水平主要通过地区 GDP、社会消费品零售总额、规模以上工业企业数量等指标来衡量(见表 4.7)。

表 4.7　2005—2015 年十堰市与制造业相关的地区经济发展水平指标

年份	地区 GDP/亿元	社会消费品零售总额/亿元	规模以上工业企业数量/家
2005	306.6	44.1	333
2006	338.2	68.5	380
2007	411.4	144.7	443
2008	487.4	170.2	622
2009	551.0	210.2	829
2010	736.8	254.2	872
2011	851.3	367.1	505
2012	955.7	426.8	617
2013	1080.6	484.7	856
2014	1200.8	548.7	973
2015	1300.1	639.4	970

数据来源:根据 2006—2015 年十堰市统计年鉴和 2015 年十堰市国民经济和社会发展统计公报整理。

由表 4.7 可以看出,2005—2015 年,十堰市 GDP 逐年稳步增长,规模以上工业企业数量在 2010 年达到峰值,2011 年出现大幅下降,之后迅速增加,2014 年后趋于稳定,这一变化与 2010 年后制造业普遍出现产能过剩及产业结构调整有关。社会消费品零售总额指标反映一定时期内地区物质文化生活水平,反映社会商品购买力的实现程度。可以看出,十堰市社会消费品零售总额一直保持持续快速增长。

第四节　南水北调中线工程水源区生态
保护与经济协调发展建模分析

一、水源区生态保护与制造业发展耦合协调度分析

(一)指标体系的构建

为了更好地评价生态保护与制造业发展之间的耦合程度,在构建耦合度指标体系时应当遵循以下原则:①为体现生态保护与制造业发展的耦合情况,所选指标要具有很强的代表性和层次性;②所建立的指标体系要有地

区适应性,即所建立的指标体系能够反映南水北调生态保护要求与制造业发展特色;③要具有可操作性,即所建立的指标体系含义明确、数据规范、口径一致、资料可靠。

基于以上原则,根据南水北调中线工程水源区十堰市的实际情况以及历年的相关统计资料,本部分从环境质量、污染控制、环境建设3方面共计9个指标衡量生态保护水平(U_1),从产业规模、产业创新力、地区经济水平3方面共计9个指标衡量制造业发展能力(U_2)。具体指标体系见表4.8和表4.9,表中权重由前述熵权法确定。

表4.8 水源区生态保护评价指标体系

耦合系统	准则层	指标层	u_1	单位	权重
U_1	环境质量	废气排放总量	u_{11}	万标立方米	0.080059
		工业二氧化硫排放量	u_{12}	吨	0.123173
		工业粉尘产生量	u_{13}	吨	0.075367
		工业废水排放总量	u_{14}	万吨	0.086138
		工业固体废弃物产生量	u_{15}	万吨	0.184925
	污染控制	工业粉尘去除率	u_{16}	%	0.116905
		垃圾无害化处理量	u_{17}	万吨	0.126274
	环境建设	建成区绿化覆盖率	u_{18}	%	0.099964
		空气质量优良的天数	u_{19}	%	0.107196

表4.9 水源区制造业发展能力评价指标体系

耦合系统	准则层	指标层	u_2	单位	权重
U_2	产业规模	工业总产值	u_{21}	亿元	0.125692
		工业总值占GDP的比重	u_{22}	%	0.074997
		第二产业增加值	u_{23}	亿元	0.121786
	产业创新力	科学技术研究与开发经费支出	u_{24}	万元	0.119056
		科技机构数	u_{25}	个	0.138458
		科技活动人员数	u_{26}	人	0.115581
	地区经济水平	GDP	u_{27}	亿元	0.111376
		社会消费品零售总额	u_{28}	亿元	0.098606
		规模以上工业企业单位数	u_{29}	家	0.094448

(二)计算结果及分析

根据耦合度函数、协调度函数求得两个系统的耦合度 C、综合调和指数 T、耦合协调度 D,具体结果见表 4.10。

表 4.10 2005—2014 年南水北调中线工程水源区生态保护与制造业耦合关系分析

年份	U_1	U_2	C	T	D	U_1-U_2	耦合协调类型
2005	0.3513	0.0726	0.3767	0.2119	0.2826	0.2787	失调 衰退类生态保护超前、 制造业发展受损型
2006	0.3238	0.1279	0.4505	0.2258	0.3190	0.1960	濒临失调 停滞类生态保护超前、 制造业发展受损型
2007	0.4550	0.1201	0.4064	0.2875	0.3419	0.3349	濒临失调 停滞类生态保护超前、 制造业发展受损型
2008	0.6866	0.1802	0.4058	0.4334	0.4194	0.5063	濒临失调 停滞类生态保护超前、 制造业发展受损型
2009	0.6111	0.2413	0.4505	0.4262	0.4382	0.3698	濒临失调 停滞类生态保护超前、 制造业发展受损型
2010	0.5824	0.6271	0.4997	0.6047	0.5497	−0.0447	勉强调和 低质量发展类 生态保护滞后型
2011	0.5817	0.6086	0.4999	0.5951	0.5454	−0.0269	勉强调和 低质量发展类 生态保护滞后型
2012	0.5789	0.6586	0.4990	0.6187	0.5556	−0.0798	勉强调和 低质量发展类 生态保护滞后型
2013	0.5962	0.7968	0.4948	0.6965	0.5870	−0.2006	勉强调和 低质量发展类 生态保护滞后型
2014	0.5960	0.9724	0.4854	0.7842	0.6170	−0.3764	勉强调和 低质量发展类 生态保护滞后型

根据表4.10可以画出2015—2014年水源区生态保护与制造业耦合度、耦合协调度折线图，如图4.6所示。

由表4.10可知，2005年水源区生态保护与制造业耦合协调类型为失调，属衰退类生态保护超前、制造业发展受损型；2006—2009年为濒临失调，属停滞类生态保护超前、制造业发展受损型；2010—2014年为勉强调和，属低质量发展类生态保护滞后型，且从图4.6可以看出，生态保护滞后于制造业发展的差距有继续增大趋势。

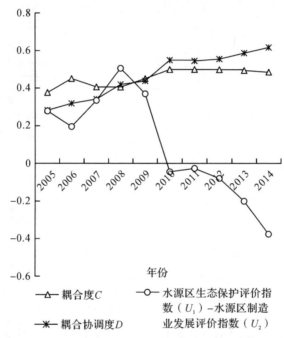

图4.6 2005—2014年水源区生态保护与制造业耦合度、耦合协调度变化趋势

二、研究结论及原因分析

(一)研究结论

以上研究表明，2005—2014年，南水北调中线工程水源区生态保护与制造业耦合协调度逐年提高，但耦合协调度低且生态保护滞后是南水北调中线工程通水后稳健运营的隐患。

1.水源区生态保护与制造业发展耦合协调度逐年提高

由图4.6可知，水源区生态保护与制造业发展耦合协调度曲线呈稳步上升的演变轨迹,显示出水源区生态保护与制造业的耦合关系在动态变化中由失调向勉强调和变化的过程,体现出水源区生态保护与制造业发展协调工作的成效。

水源区生态保护方面,2002 年 12 月 23 日,国务院正式批复《南水北调工程总体规划》,自此,作为南水北调中线工程水源区的十堰市便开始了生态城市建设历程(见图 4.7)。2004 年,十堰市生态示范区创建工作整体通过国家考核验收,列入第三批"国家级生态示范区";2008 年,十堰市委、市政府提出"三城联创",制定创建全国文明城市、国家卫生城市、国家环保模范城市的发展目标;2009 年,十堰市委、市政府提出"生态立市"战略,着力打造国家级生态经济示范区;2013 年,十堰生态战略发展形成创建全国文明城市、国家卫生城市、国家环保模范城市、森林城市、国家生态市的"五城联创"。

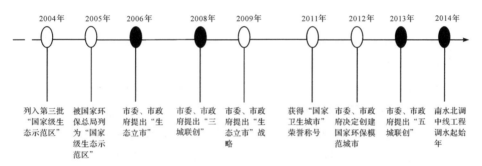

图 4.7　2004—2014 年十堰生态城市建设历程

资料来源:《十堰 2049 远景发展战略规划总报告(成果汇报稿)》。

水源区制造业发展方面,2010 年后,基于《中华人民共和国国民经济和社会发展第十二个五年规划纲要》《"十二五"工业转型升级规划(2011—2015 年)》《装备制造业调整和振兴规划》等国家发展规划以及东风大商用车战略,十堰市提出了新的制造业发展战略和目标,使得地区制造业发展在规模和创新力上相较于 2005 年都有了很大的改善,并与生态保护相适应,呈现出耦合协调度逐年提高的态势。

2. 水源区生态保护与制造业发展耦合协调度低且生态保护滞后

将表 4.10 中的耦合协调度 D 值与生态保护与制造业发展耦合协调类型对比可以发现:①至南水北调中线工程通水起始年即 2014 年,南水北调中线工程水源区生态保护与制造业耦合协调度仍处于较低水平,耦合类型为勉强调和;②2010年后水源区生态保护评价指数 U_1 开始低于制造业发展评价指数 U_2,耦合发展类型表现为低质量发展类生态保护滞后型,即不仅是耦合协调度低,而且这一低耦合协调度主要是由制造业发展超过环境承载力导致的,至南水北调中线工程通水起始年即 2014 年,这一耦合发展类型不仅没有改变,且由图 4.6 可以看出,生态保护滞后于制造业发展的差距越来越大。

生态保护和地区支柱产业发展是南水北调中线工程通水后水源区的两大主要任务,两者耦合关系不协调将是南水北调中线工程在通水后实现稳健运营的重大隐患。

(二)原因分析

上述隐患必须引起重视,对其形成原因也有必要做深入分析。

1. 耦合协调度一直在低水平徘徊的原因

至南水北调中线工程通水起始年即 2014 年,水源区耦合协调度虽有所提高,但仍处于较低水平,低于优质协调临界值 0.7,耦合类型为勉强调和,经分析,主要有以下三个原因。

第一,2014 年之前,制造业与生态保护的耦合发展缺乏有效的政策引导。"中国制造 2025"这一概念首次提出是在 2014 年 12 月,"创新驱动、质量为先、绿色发展、结构优化和人才为本"五大方针被确定为中国制造业发展方针。在此之前,以创新、绿色为主题的高端制造业发展方向还没有受到重视,使得制造业与生态保护的耦合发展缺乏政策引导。

第二,由高污染、高耗能的传统制造业向以创新、绿色为标准的高端制造业转型升级需要经历一定的过渡期。十堰汽车产业在 2004 年之后经历了很大变革。由于国家信息化战略和十堰地理位置限制等原因,东风汽车总部迁往武汉,以汽车产业为核心的十堰工业发展受到较大冲击,出现第二产业增加值下滑的现象,2008 年后,随着东风大商用车战略开展,十堰重新成为东风发展的重要战略基地,第二产业比重上升,占比由 2007 年的 48% 上升至 2012 年的 53%,2013 年后,随着国家产业结构调整政策实施,又缓慢下降到 50.7%。一系列变化使得地区制造业无法保持平稳发展,导致制造业发展与生态保护协调出现困难。

第三,第三产业发展相对缓慢,影响了第二产业实现创新驱动产业升级,高端化进程受阻。在高端制造业激烈竞争的国际态势下,第三产业的配套作用对第二产业能否发展成为高端制造业具有决定性的意义。2013 年,十堰三次产业比重为13.2∶50.7∶36.1,以第二产业为主,第一产业偏高,第三产业比重相对较低,阻碍了地区制造业向与生态保护相适应的高端化发展。

2.生态保护滞后于制造业发展的原因

第一,2010年后,十堰市汽车保有量猛增,地区制造业发展超过环境承载力。湖北省统计局数据显示,2010年,十堰市机动车保有量突破12万辆,全市机动车增长幅度超过全国平均增长幅度。如前所述,汽车生产和使用都会对环境造成污染,当生产量和保有量大幅攀升至超过环境承载力时,制造业发展与生态保护必然无法实现耦合协调。

第二,2010年后,地区汽车制造业低质高速增长,不仅不能促进其持续发展,还会对环境造成不利影响,使得两者耦合协调类型表现为低质量发展类生态保护滞后型。汽车制造业低质高速发展,表现为产品不适应市场需求,而产能却不断扩大,导致生产过剩。十堰作为"中国第一、世界第三"的商用车生产基地,汽车制造业产能快速扩张现象十分明显。经分析,十堰制造业发展能力的历年产业规模指标数据(见表4.5)显示,在工业增加值和工业增加值占GDP的比重逐年稳步上升的情况下,2010年地区第二产业增加值出现了跳跃式增长,由2009年的254.8亿元跃增至2010年的402.1亿元,增幅达57.8%,此后,第二产业增加值以每年10%左右的增幅增长。产能的迅速扩张给地区制造业带来了较大的产能过剩风险,只有通过技术升级与兼并重组才能化解,而地区制造业技术创新投入是在2011年后才开始有较大幅度增加的(见图4.5),国家关于兼并重组和产能过剩治理的政策措施①是2012年后出台的,此前制造业低质高速发展的不利影响已经显现。

第五节　促进南水北调中线工程水源区生态经济协调发展的对策建议

十堰市是南水北调中线工程水源区,属国家重点生态功能区,大部区域

---

①　2012年7月12日,工信部发布了《工业和信息化部关于建立汽车行业退出机制的通知》,决定在汽车行业建立落后企业退出机制。2013年1月22日,工信部、发改委、财政部等国务院促进企业兼并重组工作部际协调小组12家成员单位联合印发了《关于加快推进重点行业企业兼并重组的指导意见》。2015年12月2日,工信部发布了《特别公示车辆生产企业(第2批)》公告。

属限制、禁止开发区,保护的责任重大,而制造业是地区经济的支柱产业,加快制造业发展的任务迫切。因此,如何处理好生态经济协调发展问题,为南水北调中线工程通水后的正常运行排除隐患,是当前的首要任务。

根据协同理论,生态保护与制造业发展的不平衡状态能够通过反馈机制得到改善,这种反馈主要有两种形式:一是提高制造业技术水平,即培育高端制造业,因为高端制造业具有创新、绿色、智能、高效多重特征,可以在不增加成本的前提下减少污染和能耗,降低地区生态保护压力;二是通过倒逼增加生态保护投入,以满足南水北调中线工程水源区环境要求,抵消低质高速发展的传统制造业对环境的污染。显然,前一种反馈机制更优。

综上,要提高水源区生态保护与制造业发展的耦合协调度,改善两者的耦合发展类型,应着重实施地区制造业高端化培育;同时,加大生态保护投入,继续稳步推进生态立市战略,也有助于这一目标的实现。

一、实施地区制造业高端化培育

十堰地处山区,尽管高铁时代来临为该地区与外界联通提供了便利条件,但仍无法满足汽车产业信息化的需求,同时该地区作为汽车生产制造基地,规模扩张上也受到南水北调水源区生态保护标准的限制,因此十堰市发展高端制造业中心似乎不现实。然而,该地区成熟的汽车产业链、几十年积累的丰富制造经验和专司汽车研究的高等教育科研机构,使得该地区拥有其他地区无法比拟的高端制造业培育基础,因此十堰应当定位于"高端制造业培育基地",再一次成为中国汽车制造业的摇篮,这一定位的实现具体可以从以下方面展开。

(一)产业重塑:改造升级传统制造业,培育适应地方生态保护要求的新能源商用车产业

第一,改造提升传统制造业,淘汰落后产能。加快企业制造装备数字化、智能化升级,推动生产方式向柔性、智能、精细转变,提升整车和专用车市场竞争力。打造汽车零部件产业集群,全面提升零部件产业竞争力,推进自主研发、技术创新和系统集成,促进零部件产品标准化、系列化和通用化。围绕动力总成系统、汽车电子产品、车联网产品等关键零部件总成,重点发展技术含量高、附加值高的汽车关键零部件业务,加快实现与整车生产企业同步研发、同步生产,推动汽车产业向高端化、专业化、精细化和园区化方向

发展。

第二，培育适应地方生态保护要求的新能源商用车产业。2010年9月8日通过的《国务院关于加快培育和发展战略性新兴产业的决定》确定节能生态保护、新一代信息技术、生物、高端装备制造、新能源、新材料和新能源汽车七个战略性新兴产业将成为我国国民经济的先导产业和支柱产业。十堰作为国内首屈一指的商用车生产基地，有条件重点培育适应地方生态保护要求的新能源商用车产业。加快培育和发展新能源商用车产业，必须提高新能源商用车创新能力和产业化水平，推动汽车动力系统电动化转型；重点发展插电式混合动力汽车、纯电动汽车，重点突破锂电池、电控系统、电机驱动系统三大核心技术；构建新能源汽车完整产业链；坚持政府引导与市场驱动相结合，推动新能源商用车规模化推广应用。

(二)空间布局调整：依托武西汽车产业走廊，开展区域分工协作

武西产业廊道已成为我国重要的以汽车产业为特色的工业集聚区，高铁时代将加速廊道的建设与培育。目前，武西产业廊道囊括了鄂陕两地重要的汽车工业城市，已成为我国重要的工业生产命脉，尤其是在汽车制造领域。未来，随着武西高速铁路的建成，交通条件将大为改善，促进廊道地区产业体系的进一步完善，十堰作为廊道上的主要城市之一，其发展汽车产业的能级将进一步提升。

开展区域分工协作，既能充分利用地区资源，又能缓解中心城区环境压力。十堰中心城区产业过于集聚，既不利于产业升级，也不利于城市环境保护。新兴产业培育和部分基础产业需要向郧阳、六里坪等新城转移。十堰汽车产业曾经高度集中于中心城区，形成了居住与工业混杂的"百里车城"。未来，汽车产业需要利用武西廊道进行整合，形成集中布局的格局，避免汽车产业散布全城。其中，中心城区汽车产业向周边转移，在老城区形成东西两片汽车产业集聚区，郧阳作为汽车设计、研发、服务及智能制造中心，部分汽配产业可外迁至郧西，作为服务十堰、西安以及武汉的重要汽配基地，带动市域北部发展。

(三)打破地域限制：融入"互联网＋"发展格局，积极拓展汽车服务业

"互联网＋"为十堰打破地域限制、拓展汽车服务业提供了机遇。"互联网＋"最核心的特点在于与传统行业进行融合，降低交易成本，互联网不受时间、空间限制，给在区位、交通、信息等方面不具备优势的十堰带来了新的机遇。

第一,利用互联网积极拓展汽车服务业,大力发展汽车后服务市场,推进汽车全产业链发展。以社区汽车生活馆为载体,重点发展汽车贸易、物流、检修、导航、美容、改装、保险、旧车翻新、培训加盟、汽车俱乐部等业态。全力打造连锁网、会员网、互联网、车联网、快递网、产业网等"六网合一"的"O2O+C2F"①全新商业模式。建成集汽车及配套销售/汽车金融与保险、汽车检测与维修、汽车及零部件信息服务、汽车及零部件物流服务的现代化商用车服务中心。

第二,将传统汽车产业与新兴互联网产业融合,建设湖北汽车及零部件交易中心。联合东风公司等重点汽车企业,做大汽车及零部件互联网商务平台,并在后期争取升级成为中国汽车及零部件交易所。

(四)转变发展模式:创新驱动发展模式,打造新型商用车研发中心

制造业高端化培育要求发展模式由资源驱动转变为创新驱动。实施创新驱动发展模式,打造新型商用车研发中心。以东风公司技术中心为依托,以湖北汽车工业学院为基础,支持十堰商用车(专用车)研究院建设,加强产学研合作,推动湖北汽车工业学院与专用车行业联盟,共建商用车(专用车)工程技术研发院、整车及关键零部件产业集群战略研究中心,建立国家级的商用车研发中心,加快推进商用车(专用车)产业转型发展,以专、精、特、新、轻为主攻方向,推进产品结构调整和新产品开发,促进机电一体化、智能化等新技术和铝合金、高强度钢、塑料及复合材料等新材料的应用。

(五)加强国际联系:培育高水平国际汽车人才,广泛开展国际合作

制造业高端化培育,通过国际合作汲取国际先进技术和管理经验是第一步。随着"一带一路"倡议的实施,中国汽车必将更加紧密地融入国际市场。2015年,东风汽车集团与沃尔沃集团共同投资在中国组建商用车合资公司"东风商用车有限公司",标志着"东风"品牌商用车事业开始踏入国际化新征程。然而,十堰目前交通不便,人才吸引力尤其是对具有国际交往及国际影响力的人才吸引不足,城市对外服务能力欠缺,将严重制约制造业高端化培育的进程。十堰应抓住机遇,扩大汽车平台优势,为国内外交流构建

---

　　① O2O模式(online to offline),即离线商务模式,是指线上营销和线上购买或预订带动线下经营和线下消费;C2F(customer-to-factory),指消费者通过互联网向工厂定制个性化商品的一种新型网上购物行为。

更加开放、更加包容的城市环境,对外加强高铁、货运通道、车联网等交通设施与信息设施建设,实现物资、人才、资金的无障碍流通;对内提升城市文化与形象,增强城市吸引力,提升区域中心城市服务水平,为国内外人才提供便利的工作环境与商务环境,培育高水平的国际汽车人才,利用空港优势发展临空港型工业。

(六)产业政策引导:兼并重组,扶持龙头产业

高端制造业培育离不开政府的政策支持和资源倾斜。地区政府要遵循市场经济规律,尊重企业的市场主体地位,加快管理型政府向服务型政府转变,通过制定产业规划和政策、完善基础设施、改善投资环境、加强公共服务,强化对产业集群和产业龙头的扶持与引导。实施"两个转变":地区政府要从以优惠政策扶持为主向优化发展环境与优化政策支持并重转变,制造业发展也必须从依靠政府推动为主向靠市场拉动和政府引导并重转变。

二、继续稳步推进生态立市战略

在制造业向着创新、绿色、智能、高效的高端化方向培育的同时,加大环保投入,加快生态城市建设也是提高两者耦合协调度、改善耦合协调类型的重要途径。

作为全国生态版图中的第一类地区和国家南水北调中线工程的水源区,十堰市肩负着沉重的生态使命。"十三五"时期,党中央、国务院出台加快推进生态文明建设的意见,把生态文明建设放在了更加突出的地位,有利于十堰发挥先行先试优势,加快建成国家生态文明先行示范区。南水北调中线后续工程以及与北京对口协作深入实施,有利于十堰继续得到国家和首都的关注与支持,稳步推进生态立市战略。

稳步推进生态立市战略,一方面,要确立明确的生态建设目标:到2049年,碳汇每年增加900万吨,城市森林覆盖率达到80%以上。林地覆盖率达到83%以上,水质常年保持在Ⅱ类以上,国家级保护区占比达到20%以上。另一方面,要确立严格的生态保护原则:严禁深挖山体,修复被破坏山体,严禁砍伐树木(砍一棵树必须补一棵树),禁止向水体排放任何污染物质,严守城市生态底线。

(一)优化城市布局,加快推进生态建设

进一步优化城市布局,建成宜居宜业的区域性中心城市。十堰"一城两带"①建设已取得了突破性进展,生态滨江新区骨架全面拉开,中心城区发展空间进一步拓展,承载力进一步增强。汉江生态经济带高效生态特色农业示范区启动建设,环库生态保护与交通旅游设施建设快速推进。接下来,十堰将以"一城两带"建设为抓手,巩固提升中心城区功能和地位,加快推进竹房城镇带和汉江生态经济带建设,促进区域生态协调发展。

(二)持续优化生态环境,构建区域生态安全格局

持续优化生态环境,应当坚持"外修生态、内修人文"发展方略,全面加强环境保护,牢固树立生态文明发展理念,坚持"生态产业化,产业生态化",推进绿色发展、循环发展、低碳发展。构建区域生态安全格局,必须做到:优化建设方式,合理保护与利用山体,严格划定生态红线保护地区并实行最严格保护;强化绿色安全,推行"伐一还一"森林保育机制,实现良性循环发展;优化滨水岸线利用,控制滨水区开发比例,形成"完全保护型、保护型建设、建设型保护"三类生态岸线;高水平建设海绵城市,提出"源头—迁移—汇集"三级海绵设施体系,让城市融入自然;积极提升生态资源品质,优化植被结构,提升森林覆盖率,逐步提升有林地规模,增加林业碳汇。

(三)弥补低丘缓坡治理带来的负面影响

2010年以前,十堰城市空间布局受地形条件的影响较大,建设用地布局与平坦河谷地的契合度很高。在城市的技术经济条件不足以支撑城市进行大规模山地开发的情况下,十堰市独特的地形造就了城市"适度分散,山城穿插相融"的生态化格局。2010年后,随着新型工业企业入驻十堰及对十堰现有工业企业优化整合,为突破土地瓶颈的制约,十堰大力施行低丘缓坡的土地利用政策,大规模的低丘缓坡治理对十堰市的生态环境带来较大负面影响。实施生态立市战略,要求弥补低丘缓坡治理带来的负面影响,绿化裸露山体,大力植树造林,加大城市公园建设,划定山体保护红线。

(四)发展高端水质,多样化地方生态建设方式保护国家水源

目前,十堰各河段水质不一,仍有很大改善空间。发展高端水质,要求提升地区Ⅰ类水体比例,保证丹江口库区及周边城镇水域达到Ⅱ类水质,库

---

① "一城两带"是指区域性中心城市、竹房城镇带城乡一体化试验区和汉江生态经济带。

区上游水域达到Ⅰ类水质。水源保护不能拘泥于单一的保护方式,多样化地方生态建设方式有助于水源质量的快速稳定提升。十堰应从合理配置环保资金、完善地方基础设施建设、增建环保设施、增建污水处理厂、关停不达标排污产业以及对环境影响较大的污染企业、加大湿地建设、加大荒山造林和植树造林力度等方面推进生态城市建设,加强水源保护。水源区库区上游涉及6个省市,且其跨流域供水的特性也决定了跨省域保护水质的必要性,建议通过设定流域水污染防治跨省域保护边界,由上级行政主体统筹管控流域,建立完善相关机制,共同保护国家水源。

(五)有效利用对口协作与国家生态补偿政策

随着2014年南水北调中线工程通水,北京等受水地区对十堰的对口协作也已全面展开。相关资料显示,2015—2020年,北京市每年拿出财政资金2.5亿元(共计17.5亿元),对口支持十堰丹江口库区及神农架林区建设,并从协作资金中提取2000万元设立湖北对口协作产业投资基金。不仅如此,因十堰市特殊的生态地位与作用,国家还在研究其他的生态补偿方式,如饮用水水价补偿等,以保障十堰市的生态保护与建设。十堰应有效利用对口协作与国家生态补偿政策,立足"五个突出"①,努力实现"保水质、强民生、促转型"目标,始终把服务南水北调作为重大历史使命,把水质保护和污染防治作为第一政治任务,坚持实施最严格的环境监管、最积极的生态建设、最集约的资源利用,持续改善生态环境,确保一库清水永续北送。

---

① "五个突出"是指突出产业合作、突出协作项目建设、突出水质保护、突出协作基金的引导作用、突出对外宣传。

第五章 南水北调中线工程水源区生态经济政策研究

第一节 研究背景

一、政策背景

(一)生态文明建设

2015 年 5 月 5 日,《中共中央国务院关于加快推进生态文明建设的意见》发布。总体要求加大自然生态系统和环境保护力度,切实改善生态环境质量;健全生态文明制度体系;加强生态文明建设统计监测和执法监督;加快形成推进生态文明建设的良好社会风尚。

2015 年 10 月,中共第十八届五中全会召开,在国家五年规划中提到要努力实现生态环境质量总体改善。生产方式和生活方式绿色、低碳水平上升。能源资源开发利用效率大幅提高,能源和水资源消耗、建设用地、碳排放总量得到有效控制,主要污染物排放总量大幅减少。

2018 年 3 月 11 日,第十三届全国人民代表大会第一次会议通过的宪法修正案,将《中华人民共和国宪法》第八十九条第六项"领导和管理经济工作和城乡建设"修改为"领导和管理经济工作和城乡建设、生态文明建设"。

《2018 年湖北省政府工作报告》指出,要坚定不移贯彻人与自然和谐共生理念,加快推进生态文明建设;中央环保督察反馈问题整改取得重大进展。全国碳排放权注册登记系统落户湖北。

2018 年,南水北调中线工程水源区水资源保护与水污染防治第五次联席会议指出南水北调中线工程发挥了巨大的社会效益和生态效益,今后要按照中央生态文明建设综合部署和共抓大保护,与水源区各级政府和各个部门一起,更好地推动水源区的保护和发展,筑牢水源保护安全屏障。

2018年11月,《汉江生态经济带发展规划》正式发布实施,南水北调中线工程水源区十堰市全境纳入规划范围,汉江生态经济带的发展成为广大市民和网友关注的热点。

(二)战略性新兴产业

2012年5月30日,国务院常务会议讨论通过《"十二五"国家战略性新兴产业发展规划》,进一步明确了七大战略性新兴产业的重点发展方向和主要任务,至此大力发展战略性新兴产业才落到了"实处"。

2012年7月9日,国务院向全国印发了《"十二五"国家战略性新兴产业发展规划》,将新兴产业锁定在节能环保、新一代信息技术、生物、高端装备制造、新能源、新材料、新能源汽车等。

2017年1月25日,国家发改委发布《战略性新兴产业重点产品和服务指导目录》。该目录分为新一代信息技术、高端装备制造、新材料、生物、新能源、数字创意等战略性新兴产业5大领域8个产业近4000项细分产品和服务。

《2017年湖北省政府工作报告》指出将更大力度加快发展新经济,培育壮大战略性新兴产业。

近年来,国家出台的政策大力支持战略性新兴产业的发展和国家生态文明建设的需要,同时南水北调中线工程发挥了巨大的社会效益和生态效益。基于此,在现有研究成果的基础上就战略性新兴产业发展对南水北调中线工程水源区生态经济的影响做进一步的实证检验,并从生态保护角度提出战略性新兴产业发展与生态经济建设协同推进的方案建议。

二、产业背景

为了推动新一轮产业革命,中国必须着眼于市场需求前景,掌握关键核心技术,形成战略性支柱产业。战略性新兴产业是新兴科技和新兴产业的高度结合,其发展不仅可以为经济社会可持续发展提供强有力的支撑,还能对国家生态经济建设产生重大影响,符合生态文明建设的需要。

《国务院关于加快培育和发展战略性新兴产业的决定》把节能环保、新一代信息技术、生物、高端装备制造、新能源、新材料和新能源汽车等七大产业作为国家层面重点培育发展的战略性新兴产业。2018年10月,国家统计局第15次常务会议通过了《战略性新兴产业分类(2018)》,在原来重点培育发展的七大战略性新兴产业基础上增加了数字创意产业和其他服务业,形成九大产业。汉江生态经济带各省市也以此为依据,结合当地科学技术优势、产业发展趋势和资源禀赋等实际情况提出适合本区域发展的重点扶持产业和主攻方向,详见表5.1。

表5.1　中国及汉江生态经济带三省战略性新兴产业培育范围

产业	国家层面	汉江生态经济带区域层面		
		湖北	陕西	河南
节能环保	高效节能产业、先进环保产业、资源循环利用产业	循环经济	节能产业、环保产业、资源综合利用	—
新一代信息技术	新一代信息网络产业、电子核心产业、新兴软件和新型信息技术服务、互联网与云计算、大数据、人工智能	光电信息产业	半导体产业、新型显示产业、高端软件产业、通信产业、信息技术服务产业	电子信息产业、智能手机、智能终端
生物	生物医药、医学工程产业、生物农业及相关产业、生物质能产业、其他生物业	生物农业研发基地,动植物新品种培育与良种产业化	生物医药、生物医学产业、生物检测和治疗、生物农业	生物医药、生物育种、血液制品、抗生素原料药
高端装备制造	智能制造装备产业、航空装备产业、卫星及应用产业、轨道交通装备产业、海洋工程装备产业	高档数控系统和大功率激光器、船舶、重型机床、列车	增材制造(3D打印)产业、航空产业、航天产业、智能装备产业、能源装备产业	智能电网装备
新能源	核电、风能、太阳能、生物质能及其他新能源产业、智能电网产业	风电、太阳能、生物质发电、核电、风电整机组装、多晶硅及太阳能电池规模化生产	太阳能、风能、生物	生物能源
新材料	先进钢铁材料、先进有色金属材料、先进石化化工新材料、先进无机非金属材料、高性能纤维及制品和复合材料、前沿新材料、新材料相关服务	取向硅钢、光纤预制棒、改性沥青、季戊四醇、可降解产品	高性能结构材料、先进复合材料、电子信息材料、新型功能材料	新型合金材料、超硬材料、多晶硅

续表

产业	国家层面	汉江生态经济带区域层面		
		湖北	陕西	河南
新能源汽车	新能源汽车整车制造、新能源汽车装置、配件制造、新能源汽车相关设施制造、新能源汽车相关服务	混合动力城市公交车和混合动力轿车技术、电池产业	整车制造、动力电池、控制系统、充电基础设施	—
数字创意产业	数字创意技术设备制造、数字文化创意活动、设计服务、数字创意与融合服务	—	数字创意产业	—
其他服务业	新技术与创新创业服务、其他相关服务	—	—	—

　　国家近几年大力提倡生态文明建设,提出一系列促进产业发展和生态保护方面的政策措施。顺应南水北调中线工程水源区的生态经济建设需要,以战略性新兴产业为区域生态经济带来的"正能量"为切入点,通过对以南水北调中线工程水源区区域为主线的战略性新兴产业发展现状以及南水北调中线工程水源区生态经济建设现状开展调查,在搜集到数据的基础上,通过构建系统动力学模型,在实证检验的结果下分析战略性新兴产业发展对南水北调中线工程水源区生态经济的影响,以及影响两者的政策因素的有效性是本章需要研究的。

第二节　理论基础

一、系统论与系统建模原理

　　根据管理学中"系统"的思想,可以把经济与生态看成一个相互作用的系统,并且在该系统中存在很多相互作用的因素。国家大力提倡生态文明建设,战略性新兴产业也得到国家政策的大力支持,产业经济的发展对环境的污染较以前少,但也不是完全没有,即产业经济的发展依然会造成环境污染问题和资源消耗问题。本章所指的产业生态经济系统只考虑战略性新兴产业经济的发展及其对于资源的消耗和对环境的污染。

由美国麻省理工学院 Jay Forrester 教授始创的系统动力学最早应用于工业企业管理,后来应用范围越来越广泛,几乎遍布每个系统,深入各个领域。之后,Forrester 教授领导系统动力学小组建立了系统动力学模型,解决了许多长期存在的令经济学家迷惑不解的疑团。我国在1980年引入系统动力学,在杨通谊、胡玉奎等专家学者的努力下不断发展成熟。中国国家模型就是在系统动力学的基础上建立起来的。

系统动力学不仅是一门分析研究信息反馈系统的学科,也是一门认识系统问题和解决系统问题的交叉综合学科。它不仅是系统科学和管理科学的一个分支,而且是一门连接自然科学和社会科学并使之交流的跨领域科学。系统动力学模型模拟的对象通常是结构和功能,这也决定了它在研究复杂系统的结构、功能时具有适用性。它还可以对实际系统,尤其是社会、经济、生态等复杂大系统进行建模研究。

系统动力学建模与仿真步骤大致如下:

(1)确定研究对象,利用系统动力学的理论与方法对研究对象进行全面的调研分析。

(2)根据系统动力学的思想对研究对象进行结构分析,通常是将系统划分为多个子系统或者不同的层次,建立总体与局部的反馈机制。

(3)利用系统动力学软件(VENSIM)建立模型。

(4)用建立好的模型进行模拟和仿真,并对模型进行调试。

(5)对模型运行结果进行检验及评估。

二、产业生态经济系统构建原理

在现有研究中,与战略性新兴产业生态经济系统概念相近的有工业生态、产业生态系统、产业生态、生态产业与产业生态化。

与战略性新兴产业生态经济系统最相近的概念是产业生态系统。产业生态系统是将产业生态学应用于产业系统之中,形成类似于自然生态系统的系统模式。战略性新兴产业生态系统是一个闭路循环系统,它不同于一般的开放式系统,产业生态系统在纵向上是闭合的,横向上是耦合的。与战略性新兴产业生态经济系统不同的是,产业生态系统不仅包含了产业系统,也包含了支撑产业系统的环境因素。因此,产业生态系统范围比战略性新兴产业生态经济系统范畴更大,内容更广泛,战略性新兴产业生态系统只是产业生态系统的一部分。

(一)产业生态经济系统构成

根据产业生态经济系统的内涵分析,从解析产业生态经济系统的角度,可以把产业生态经济的运行过程分为三个子过程:一是产业生态经济系统的经济产出过程,这是产业生态经济系统运行的原动力和目的所在,经济活动必然会产出一定的有利于人们发展的产品或服务,也会通过这些产品或服务得到经济价值。二是产业生态经济系统的资源消耗过程,这是经济活动能够进行的基础和保障,正是对各种资源的投入和利用,才能保证经济活动过程顺利进行。三是污染物排放过程,这是经济活动的必然结果。产业生产活动过程中产生的工业污染物会在环境中存留,如二氧化硫、氮氧化物、氨氮等,污染物存留必然会导致环境污染问题。另外,一个产业的发展离不开国家的政策调控和支持。因此,我们可以把产业生态经济系统分成四个子系统:经济产出子系统、资源消耗子系统、污染物排放子系统、政策支持子系统,四个子系统的关系如图5.1所示。

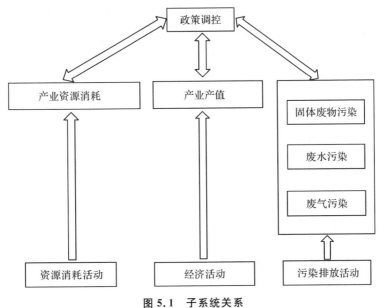

图 5.1　子系统关系

(二)战略性新兴产业生态经济系统的因果关系

要想分析战略性新兴产业生态经济系统的因果关系,就得先了解并找出构成系统的主要因素,以及因素之间的相互作用关系。当一个变量的增加导致另一个变量增加,或一个变量的减少导致另一个变量减少,说明两个变量之间的因果关系是正反馈的。当一个变量与另一个变量呈反方向变化,则表明两个变量之间的因果关系是负反馈的。当某些因素之间的关系可形成一个回路,则表示这些因素之间存在一个因果反馈环。在分析一个系统的因果关系时,首先要考虑这个系统中的主要影响因素及其形成的因果反馈环。

根据柯布-道格拉斯生产函数 $Y = \theta A^\alpha L^\beta K^\delta$,可以知道经济产出子系统中的主要影响因素是技术、资本和劳动力。一方面,技术、资本和劳动力的投入使得经济产出(战略性新兴产业产值)增加,经济产出的增加反过来促使对技术、劳动力和资本的进一步投入。另一方面,经济产出增加,又会导致资源消耗增多和环境污染加剧,导致生态压力进一步加大。在生态压力的倒逼下,各地政府就会根据当地生态压力的实际情况制定政策法规并对经济发展和生态保护进行必要的调控。所以,战略性新兴产业生态经济系统中的主要因素有技术、劳动力、资本、六市战略性新兴产业产值、南水北调中线工程水源区战略性新兴产业产值、资源消耗、工业污染、生态压力、政府调控政策,它们之间的因果关系如图 5.2 所示。

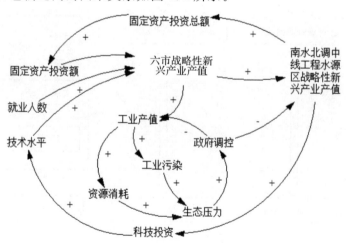

图 5.2 战略性新兴产业生态经济系统因果关系

根据图 5.2 所示,战略性新兴产业生态经济系统中的主要因果反馈环有以下几个:

(1)固定资产投资额(+)→六市战略性新兴产业产值(+)→南水北调中线工程水源区战略性新兴产业产值(+)→固定资产投资总额(+)→固定资产投资额(+)。

(2)技术水平(+)→六市战略性新兴产业产值(+)→南水北调中线工程水源区战略性新兴产业产值(+)→科技投资(+)→技术水平(+)。

(3)工业产值(+)→工业污染(+)→生态压力(+)→政府调控(+)→工业产值(一)。

(4)工业产值(+)→资源消耗(+)→生态压力(+)→政府调控(+)→工业产值(一)。

反馈环(1)的影响:固定资产投资额的增加必然会在一定程度上促进战略性新兴产业的发展,战略性新兴产业的发展会带来国家财政收入的增加,反过来也会促进固定资产投资总额的增加,所以就会形成经济发展的良性循环,即为正反馈环。

反馈环(2)的影响:技术水平的提高促进了战略性新兴产业经济的发展,战略性新兴产业的发展会带来国家财政收入的增加,技术投资也会相应增加,也就是技术水平会提高,所以就会形成经济发展的良性循环,即为正反馈环。

反馈环(3)的影响:产业产值的增加会导致污染问题加重进而导致生态压力增加,政府就会针对污染问题出台相应政策以减轻污染,同时会对经济造成负向影响,即为负反馈环。

反馈环(4)的影响:工业产值的增加必然会导致资源消耗的增多,同时生态压力也会增大,政府就会为了控制资源消耗总量出台相应政策,就会对经济发展造成负面影响,即为负反馈环。

综上所述,战略性新兴产业生态经济系统总共包含四个反馈环,两个为正反馈环,两个为负反馈环。

第三节 南水北调中线工程水源区产业 生态经济系统建模及仿真模拟

一、系统模型构建

(一)经济产出子系统建模

系统动力学有水平变量、速率变量、辅助变量和常量四种变量类型。水平变量确定在一定程度上反映了系统的发展水平,是分析系统的关键。在经济产出子系统中,本部分选取了十堰市战略性新兴产业产值(以下简称十堰市战新产值)、安康市战略性新兴产业产值(以下简称安康市战新产值)、商洛市战略性新兴产业产值(以下简称商洛市战新产值)、南阳市战略性新兴产业产值(以下简称南阳市战新产值)、三门峡市战略性新兴产业产值(以下简称三门峡市战新产值)、洛阳市战略性新兴产业产值(以下简称洛阳市战新产值)作为水平变量,战略性新兴产业产值可以反映一部分经济发展水平,同时也可以反映一部分经济发展结构。

根据柯布-道格拉斯生产函数 $Y = \theta A^{\alpha} L^{\beta} K^{\delta}$,影响战略性新兴产业产值的主要因素包括技术、资本和劳动力。影响这三个因素的不仅有战略性新兴产业的发展水平,还有国家对战略性新兴产业的固定资产投资总额和科技投资,所以并不是一成不变的,特别是劳动力因素,在模型中作为表函数,会随着时间的变化发生相应的有规律可循的变化。

经济产出子系统中的速率变量为十堰市战略性新兴产业产值年增量(以下简称十堰市战新产值年增量)、安康市战略性新兴产业产值年增量(以下简称安康市战新产值年增量)、商洛市战略性新兴产业产值年增量(以下简称商洛市战新产值年增量)、南阳市战略性新兴产业产值年增量(以下简称南阳市战新产值年增量)、三门峡市战略性新兴产业产值年增量(以下简称三门峡市战新产值年增量)、洛阳市战略性新兴产业产值年增量(以下简称洛阳市战新产值年增量)。辅助变量和常量为六市战略性新兴产业就业人数变化量、六市战略性新兴产业固定资产投资额、六市固定资产投资额占比、六市技术水平、六市技术投资、六市技术投资占比。经济产出子系统的流图如图5.3所示。

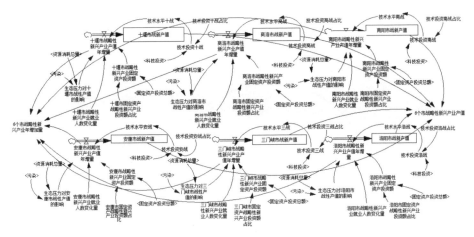

图5.3　经济产出子系统流图

经济产出子系统的主要方程式如下：

十堰市战新产值＝INTEG(十堰市战新产值年增量,1823000)　　(5.1)

安康市战新产值＝INTEG(安康市战新产值年增量,1726000)　　(5.2)

商洛市战新产值＝INTEG(商洛市战新产值年增量,1612100)　　(5.3)

三门峡市战新产值＝INTEG(三门峡市战新产值年增量,1003000)　　(5.4)

南阳市战新产值＝INTEG(南阳市战新产值年增量,700000)　　(5.5)

洛阳市战新产值＝INTEG(洛阳市战新产值年增量,7499000)　　(5.6)

十堰市战略性新兴产业固定资产投资额＝固定资产战略性新兴产业产值占比＊固定资产投资总额(同理得到其他城市的相应数据)　　(5.7)

技术投资十堰市战略性新兴产业＝技术投资十堰市战略性新兴产业占比＊科技投资(同理得到其他城市的相应数据)　　(5.8)

科技投资＝各市战新产值之和＊科技投资比例系数　　(5.9)

科技投资比例系数＝0.033

固定资产投资占比＝0.08

(二)资源消耗子系统建模

本部分选取战略性新兴产业资源消耗量作为资源消耗子系统中的水平变量,该变量可以反映资源消耗的程度,并且通过与战略性新兴产业产值结合运算,反映战略性新兴产业资源消耗的程度。在模型中用资源消耗变化的快慢来表示资源消耗变化率,资源消耗变化的快慢在一定程度上反映了资源消耗的速度。在子系统中,资源消耗子系统中资源消耗年增量为速率变量。辅助变量和常量为资源消耗变化率、资源消耗弹性系数、战略性新兴产业资源消耗比例、战略性新兴产业万元增加值资源消耗量。资源消耗子系统流图如图 5.4 所示。

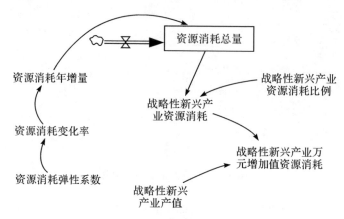

图 5.4 资源消耗子系统

资源消耗子系统的方程式如下:

战略性新兴产业资源消耗=战略性新兴产业资源消耗比例 * 资源消耗总量

$$(5.10)$$

战略性新兴产业资源消耗比例=0.43

(三)污染排放子系统建模

在污染排放子系统中选取了战略性新兴产业主要污染物:氮氧化物排放量、化学需氧量、氨氮排放量、二氧化硫排放量作为水平变量。污染物的排放量是由污染物的产生量减去处理量得到的值。与污染物产生量有关的因素包括产业产值、废物排放强度、政府政策等;与污染物处理量有关的因素包括企业和政府的环保投资、废物处理成本等。

本部分把氮氧化物产生量和处理量、化学需氧量和处理量、氨氮产生量和处理量、二氧化硫产生量和处理量作为污染子系统中的速率变量。战略性新兴产业氮氧化物产生、战略性新兴产业单位产值氮氧化物产生、氮氧化物单位处理成本、氮氧化物处理投资、氮氧化物处理投资比例、战略性新兴产业化学需氧量产生、战略性新兴产业单位产值化学需氧量产生、化学需氧量单位处理成本、化学需氧量处理投资、化学需氧量处理投资比例、战略性新兴产业氨氮产生、战略性新兴产业单位产值氨氮产生、氨氮单位处理成本、氨氮处理投资、氨氮处理投资比例、战略性新兴产业二氧化硫产生、战略性新兴产业单位产值二氧化硫产生、二氧化硫单位处理成本、二氧化硫处理投资、二氧化硫处理投资比例、排污上限政策因子、主要污染物处理投资、主要污染物处理投资比例、环保投资总额、环保投资比例系数、政府补贴作为污染子系统的辅助变量和常量。污染排放子系统如图 5.5 所示。

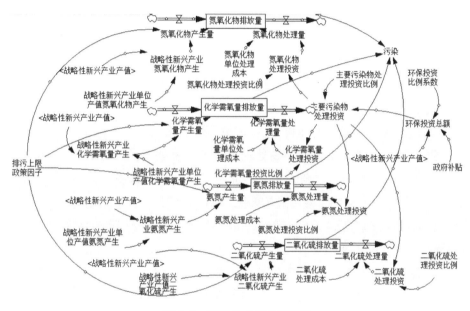

图 5.5　污染排放子系统流图

污染排放子系统的方程式如下：

氮氧化物排放量＝氮氧化物产生量－氮氧化物处理量　　　　　（5.11）

氮氧化物产生量＝战略性新兴产业氮氧化物产生＊排污上线因子(5.12)

战略性新兴产业氮氧化物产生＝战略性新兴产业产值＊战略性新兴产业单位产值氮氧化物产生　　　　　　　　　　　　　　　（5.13）

氮氧化物处理量＝氮氧化物处理投资/氮氧化物单位处理成本　（5.14）

氮氧化物处理投资＝主要污染物处理投资＊氮氧化物处理投资比例

（5.15）

化学需氧量排放量＝化学需氧量产生量－化学需氧量处理量　（5.16）

化学需氧量产生量＝战略性新兴产业化学需氧量产生＊排污上线因子

(5.17)

战略性新兴产业化学需氧量产生＝战略性新兴产业产值＊战略性新兴产业单位产值化学需氧量产生

(5.18)

化学需氧量处理量＝化学需氧量处理投资/化学需氧量单位处理成本

(5.19)

化学需氧量处理投资＝主要污染物处理投资＊化学需氧量处理投资比例

(5.20)

氨氮排放量＝氨氮产生量－氨氮处理量 (5.21)

氨氮产生量＝战略性新兴产业氨氮产生＊排污上线因子 (5.22)

战略性新兴产业氨氮产生＝战略性新兴产业产值＊战略性新兴产业单位产值氨氮产生

(5.23)

氨氮处理量＝氨氮处理投资/氨氮单位处理成本 (5.24)

氨氮处理投资＝主要污染物处理投资＊氨氮处理投资比例 (5.25)

二氧化硫排放量＝二氧化硫产生量－二氧化硫处理量 (5.26)

二氧化硫产生量＝战略性新兴产业二氧化硫产生＊排污上线因子 (5.27)

战略性新兴产业二氧化硫产生＝战略性新兴产业产值＊战略性新兴产业单位产值二氧化硫产生

(5.28)

二氧化硫处理量＝二氧化硫处理投资/二氧化硫单位处理成本 (5.29)

二氧化硫处理投资＝主要污染物处理投资＊二氧化硫处理投资比例

(5.30)

环保投资总额＝战略性新兴产业产值＊环保投资比例系数＋政府补贴

(5.31)

主要污染物处理投资比例＝0.4

环保投资比例系数＝0.0075

排污上限因子＝1

(四)政策支持子系统

政策支持子系统中包括国家和相关机构对战略性新兴产业经济发展、战略性新兴产业发展过程中的污染物排放以及发展过程中资源消耗的调控政策。本部分对南水北调中线工程水源区战略性新兴产业经济发展及生态政策做了整理,详见表5.2。

表 5.2　南水北调中线工程水源区战略性新兴产业经济、生态政策梳理

政策类型	具体政策措施
经济政策	大力支持战略性新兴产业发展,加大科技投资,推动经济开发区、长江经济带建设等
生态政策	入库河流及支流污染治理及生态修复工程、环库生态隔离带建设、沿河两岸乡村环境综合整治、新建和改扩建污水处理厂建设、生态文明建设、环境监测、污染物总量控制、环保投资政策、资源开采和资源利用、生态补偿费、节能监察等

关于产业经济发展和产业生态保护的政策有很多,为方便研究,从中提取出关键政策变量。柯布-道格拉斯生产函数认为技术、资本和劳动力是影响经济产出的关键因素,同时,影响战略性新兴产业发展最重要的两个因素是科技水平和对产业投资力度,因此,战略性新兴产业经济政策变量选择科技投资政策和产业投资政策,战略性新兴产业生态政策变量选择污染物总量控制政策、环保投资政策,详见表 5.3。

表 5.3　关键政策变量

政策类型	关键政策	模型变量
战略性新兴产业经济政策	产业投资政策	固定资产投资占比
	科技投资政策	科技投资比例系数
战略性新兴产业生态政策	污染物总量控制政策	排污上限政策因子
	环保投资政策	环保投资比例系数

二、模型运行及仿真模拟结果

(一)系统动力学模型运行

本节所建立的模型以南水北调中线工程水源区战略性新兴产业生态经济系统为主体,所以模型的空间界定为湖北省十堰,陕西省安康、商洛,河南省南阳、三门峡、洛阳六个地市,模型设置的时间区间为 2011—2041 年,基本仿真步长定为 1。模型中的数据主要来源于六市 2011—2017 年的统计年鉴、统计公报、政府工作报告、生态环境局以及所在省生态环境厅等。对收集的数据进行统计分析,通过逻辑分析确定变量间相互关系。

先通过仿真工具 VENSIM 可以得到模型中六市战略性新兴产业产值、六市主要污染物排放量等变量,模拟结果如图 5.6 所示。

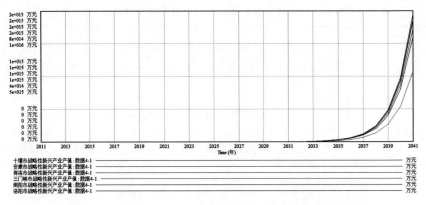

图 5.6 2011—2041 年六市战略性新兴产业产值模拟结果

从发展的趋势来看,六市的战略性新兴产业产值曲线都呈上升趋势,2039 年后,各市产值曲线的斜率越来越大,表明随着时间的推移,战略性新兴产业会发展得越来越快,战略性新兴产业产值会越来越高,这符合当前国家及各地区对战略性新兴产业的大力投资及支持。

从图 5.7 可以得知,十堰市战略性新兴产业主要污染物排放量总体上均随时间的推移呈减少趋势,与现实中的排放量数据趋势相符。

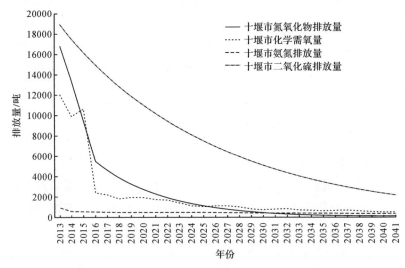

图 5.7 2013—2041 年十堰市战略性新兴产业主要污染物排放量模拟结果

从图 5.8 可知,安康市战略性新兴产业主要污染物排放量随时间的推移整体呈现逐年减少趋势。除了化学需氧量下降趋势明显,其他三种主要污染物的下降趋势不明显,这与现实中的排放量数据趋势相符。

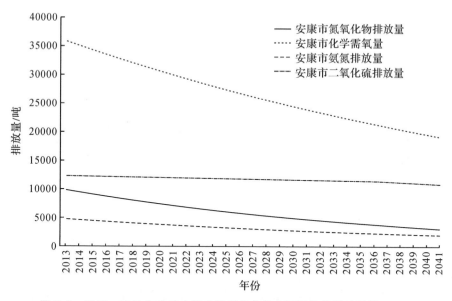

图 5.8　2013—2041 年安康市战略性新兴产业主要污染物排放量模拟结果

从图 5.9 可知,商洛市战略性新兴产业主要污染物排放量随时间的推移整体呈现逐年减少趋势。除了化学需氧量二氧化碳排放量下降趋势明显,其他两种主要污染物的下降趋势不明显,这与现实中的排放量数据趋势相符。

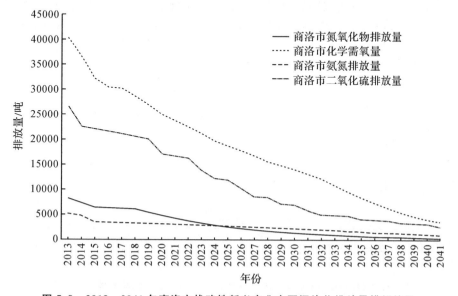

图 5.9　2013—2041 年商洛市战略性新兴产业主要污染物排放量模拟结果

从图 5.10 可知三门峡市战略性新兴产业主要污染物排放量随时间推移整体呈现逐年减少趋势。氮氧化物排放量和二氧化碳排放量在 2015—2030 年下降得比较快,然后趋于平缓,化学需氧量排放量和氨氮排放量的下降趋势一直比较平缓,这与现实中的排放量数据趋势相符。

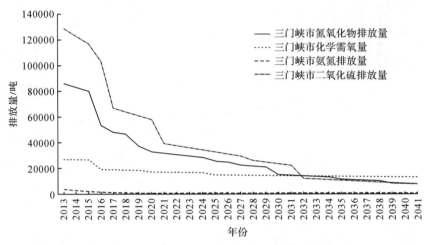

图 5.10 2013—2041 年三门峡市战略性新兴产业主要污染物排放量模拟情况

从图 5.11 可知,南阳市战略性新兴产业主要污染物排放量随时间的推移整体呈现逐年减少趋势。除氮氧化物排放量下降趋势明显,其他三种主要污染物排放量的下降趋势比较平缓,这与现实中的排放量数据趋势相符。

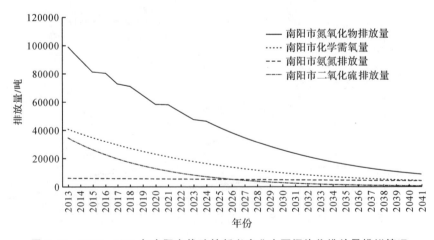

图 5.11 2013—2041 年南阳市战略性新兴产业主要污染物排放量模拟情况

从图 5.12 可知,洛阳市战略性新兴产业主要污染物排放量随时间的推移整体呈现逐年减少趋势,这与现实中的排放量数据趋势相符。

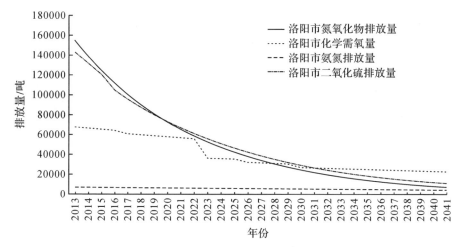

图 5.12　2013—2041 年洛阳市战略性新兴产业主要污染物排放量模拟结果

(二)模型历史性检验

检验模型的有效性是系统动力学中必不可少的一个环节,建立的模型只有通过有效性检验才能在一定程度上准确反映与预测真实状态。直观检验、运行检验、历史性检验和灵敏度分析等是系统动力学中较为常用的检验有效性的四种方法。

数据来源于各省市权威机构,如湖北省统计局、陕西省统计局、河南省统计局等,真实可靠。模型中的方程式符合 VENSIM 软件的智能检验,其模型中数据、参数数据等通过正确的方法获得。因此,可以认为模型在一定程度上可以模拟系统运行的正确情况。

历史性检验是指选取某一已经发生时间段为初始点进行仿真,用得到的仿真数据结果和历史数据进行误差、关联度等检验。历史性检验的特点是用已经发生的数据和仿真结果数据进行对比,相比其他检验方法,结果更加直观,也更容易被人接受,所以本部分用历史性检验法检验模型有效性。

选取经济子系统模型中的主要变量,即十堰市战略性新兴产业产值、安康市战略性新兴产业产值、商洛市战略性新兴产业产值、三门峡市战略性新兴产业产值、南阳市战略性新兴产业产值、洛阳市战略性新兴产业产值 6 个变量进行检验。如果这 6 个变量都通过有效性检验,就可以证明模型的有效性。选取的时间段是 2011—2017 年,同时计算了真实值与仿真值之间的误差,误差=(仿真值-真实值)/真实值。检验结果见表 5.4。

表 5.4 2011—2017 年六市战略性新兴产业产值变量结果检验

(单位:万元)

城市	项目	2011 年	2012 年	2013 年	2014 年	2015 年	2016 年	2017 年
十堰市	真实值	1823000	2818000	4083000	5649100	7282100	9152100	11446000
	仿真值	1823000	3005428	4265415	5932142	7426100	8626541	12569820
	误差	0	0.07	0.04	0.05	0.02	-0.06	0.10
安康市	真实值	1726000	2852000	4156000	4899400	5417700	6192600	7421700
	仿真值	1726000	3102221	3951026	5000554	5522152	6351142	7725412
	误差	0	0.09	-0.05	0.02	0.02	0.03	0.04
商洛市	真实值	1612100	2772200	3825200	4952700	6019200	7039500	8699200
	仿真值	1612100	2984125	4125612	5124365	6247852	7265410	8852341
	误差	0	0.08	0.08	0.03	0.04	0.03	0.02
三门峡市	真实值	1003000	1450000	2317900	3330300	4367500	1046200	5413700
	仿真值	1003000	1552110	2444752	3524150	4525441	1095679	5752523
	误差	0	0.07	0.05	0.06	0.04	0.05	0.06
南阳市	真实值	700000	1444200	2252500	4275400	7057300	9792300	11731200
	仿真值	700000	1525226	2425126	4455832	7265412	10251125	12544887
	误差	0	0.06	0.08	0.04	0.03	0.05	0.07
洛阳市	真实值	7499000	10230000	12100000	14600000	17958000	23165800	27104000
	仿真值	7499000	10956922	12769842	15254158	18154822	24214521	28214000
	误差	0	0.07	0.06	0.04	0.01	0.05	0.04

注:表中"真实值"数据来自各市所在省统计局。

六市战略性新兴产业产值变量的真实值和仿真值的误差都在[-0.7,0.7],表明模型能较客观地反映实际情况,运用历史性检验证明模型六市通过有效性检验,模型有效。

再就六市主要污染物排放量对模型进行检验,如果六市污染物变量都可以通过有效性检验,就可以证明模型有效。本部分选取的时间段是2013—2017年,同时计算了真实值与仿真值之间的误差,误差＝(仿真值－真实值)/真实值,检验结果见表5.5。

表 5.5　2013—2017 年十堰市主要污染物变量结果检验

(单位:吨)

变量	项目	2013 年	2014 年	2015 年	2016 年	2017 年
氮氧化物排放量	真实值	16800	13400	9300	5500	4600
	仿真值	16800	14120	10000	5900	4800
	误差	0	0.05	0.08	0.07	0.04
化学需氧量	真实值	11200	9900	10600	2500	2230
	仿真值	11200	10010	11052	8500	6420
	误差	0	0.01	0.04	2.40	1.88
氨氮排放量	真实值	900	600	600	500	420
	仿真值	900	650	630	550	460
	误差	0	0.08	0.05	0.10	0.10
二氧化硫排放量	真实值	18900	17500	15900	9600	4600
	仿真值	18900	17900	16200	12000	6500
	误差	0	0.02	0.02	0.25	0.41

注:表中"真实值"数据来自十堰市生态环境局。

根据表 5.5,十堰市主要污染物变量的真实值和仿真值的误差在 $[-0.7,0.7]$,表明模型能客观地反映实际情况,运用历史性检验证明模型通过有效性检验,模型有效。

根据表 5.6,安康市主要污染物变量的真实值和仿真值的误差大多在 $[-0.05,0.05]$,表明模型能较客观地反映实际情况,运用历史性检验证明模型通过有效性检验,模型有效。

表 5.6 2013—2017 年安康市主要污染物变量结果检验

（单位：吨）

变量	项目	2013 年	2014 年	2015 年	2016 年	2017 年
氮氧化物排放量	真实值	9868	9473	9067	8867	8778
	仿真值	9868	9521	9093	8729	8380
	误差	0	0.01	0.00	−0.02	−0.05
化学需氧量	真实值	35830	35041	29883	29285	28912
	仿真值	35830	34002	33414	30604	29504
	误差	0	−0.03	0.12	0.05	0.02
氨氮排放量	真实值	4747	4604	4400	4332	4267
	仿真值	4747	4500	4330	4200	4073
	误差	0	−0.02	−0.02	−0.03	−0.05
二氧化硫排放量	真实值	12297	12260	12222	11708	11544
	仿真值	12297	12250	12186	12149	12113
	误差	0	−0.00	−0.00	0.04	0.05

注：表中"真实值"数据来自安康市统计局。

根据表 5.7,商洛市主要污染物变量的真实值和仿真值的误差在 $[−0.05, 0.05]$,表明模型能较客观地反映实际情况,运用历史性检验证明模型通过有效性检验,模型有效。

表 5.7 2013—2017 年商洛市主要污染物变量结果

（单位：吨）

变量	项目	2013 年	2014 年	2015 年	2016 年	2017 年
氮氧化物排放	真实值	8201	7272	6908	6539	6489
	仿真值	8201	7200	6399	6208	6084
	误差	0	−0.01	−0.07	−0.05	−0.06
化学需氧量	真实值	40213	36443	29883	29285	28912
	仿真值	40213	36502	32069	30466	28653
	误差	0	0	0.07	0.04	−0.01
氨氮排放量	真实值	5204	4831	3526	3457	3368
	仿真值	5204	4921	3651	3490	3420
	误差	0	0.02	0.04	0.01	0.02
二氧化硫排放量	真实值	26582	22675	21994	21554	19865
	仿真值	26582	22564	21053	21122	20188
	误差	0	−0.05	−0.04	−0.02	0.02

注：表中"真实值"数据来自商洛市统计局。

根据表 5.8,三门峡市主要污染物变量的真实值和仿真值的误差大多在 [−0.07,0.07],表明模型能较客观地反映实际情况,运用历史性检验证明模型通过有效性检验,模型有效。

表 5.8　2013—2017 年三门峡市主要污染物变量结果检验

（单位:吨）

变量	项目	2013 年	2014 年	2015 年	2016 年	2017 年
氮氧化物排放量	真实值	85700	82680	66017	35504	12229
	仿真值	85700	83510	71002	40251	15620
	误差	0	0.01	0.08	0.13	0.28
化学需氧量	真实值	26908	26687	23800	11435	13060
	仿真值	26908	26702	24100	13546	12005
	误差	0	0.00	0.01	0.18	−0.08
氨氮排放量	真实值	3835	2971	2668	1111	1157
	仿真值	3835	3100	2741	1254	1024
	误差	0	0.04	0.03	0.13	−0.11
二氧化硫排放量	真实值	128738	122680	100361	23989	9746
	仿真值	128738	115484	99451	25012	10254
	误差	0	−0.06	−0.01	0.04	0.05

注:表中"真实值"数据来自河南省生态环境厅。

根据表 5.9,南阳市主要污染物变量的真实值和仿真值的误差大多在 [−0.07,0.07],表明模型能较客观地反映实际情况,运用历史性检验证明模型通过有效性检验,模型有效。

表 5.9　2013—2017 年南阳市主要污染物变量结果检验

（单位：吨）

变量	项目	2013 年	2014 年	2015 年	2016 年	2017 年
氮氧化物排放量	真实值	99007	89754	74202	70128	62549
	仿真值	99007	91020	81365	72935	64500
	误差	0	0.01	0.10	0.04	0.03
化学需氧量	真实值	40931	37664	37329	35268	32156
	仿真值	40931	38415	34657	31891	29345
	误差	0	0.02	−0.07	−0.10	−0.09
氨氮排放量	真实值	5994	5908	5299	4956	4502
	仿真值	5994	5818	56657	5133	4756
	误差	0	−0.02	0.07	0.04	0.06
二氧化硫排放量	真实值	34804	30124	29312	24562	20542
	仿真值	34804	31002	26073	22567	19532
	误差	0	0.03	−0.11	−0.08	−0.05

注：表中"真实值"数据来自河南省生态环境厅。

根据表 5.10,洛阳市主要污染物变量的真实值和仿真值的误差大多在[−0.07,0.07],表明模型能较客观地反映实际情况,运用历史性检验证明模型通过有效性检验,模型有效。

表 5.10　2013—2017 年洛阳市主要污染物变量结果检验

（单位：吨）

变量	项目	2013 年	2014 年	2015 年	2016 年	2017 年
氮氧化物排放量	真实值	154435	138610	116997	58819	19059
	仿真值	154435	135416	124406	47020	19880
	误差	0	−0.02	0.06	−0.20	0.04
化学需氧量	真实值	67518	66369	65676	15223	20160
	仿真值	67518	65239	64129	27410	26001
	误差	0	−0.02	−0.02	0.80	0.29
氨氮排放量	真实值	7129	7024	6822	2821	3158
	仿真值	7129	6920	6818	5612	4012
	误差	0	−0.01	−0.00	0.99	0.27
二氧化硫排放量	真实值	142917	130989	148980	58819	24905
	仿真值	142917	120056	140702	62014	45412
	误差	0	−0.08	−0.06	0.05	0.82

注：表中"真实值"数据来自河南省生态环境厅。

运用历史性检验方法对模型做有效性检验,结果显示主要变量均通过有效性检验,因此可以认为模型是有效的。建立的模型在 VENSIM 软件中模拟检验没有出现数据溢出或其他情况,说明建立的模型具有较好的稳定性,并且可以反映现实情况,适合进行政策仿真实验。

第四节 南水北调中线工程水源区生态
经济政策效果建模分析

一、生态经济政策效果及改进仿真实验设计

根据前文分析可知,战略性新兴产业经济政策变量与战略性新兴产业生态政策变量之间可能存在同向或者反向的关系。如果战略性新兴产业经济政策变量与战略性新兴产业生态政策变量之间的关系是同向时,意味着某个战略性新兴产业经济政策变量或战略性新兴产业生态政策变量值增大会有利于战略性新兴产业生态保护或经济发展。反之,如果战略性新兴产业经济政策变量与战略性新兴产业生态政策变量之间的关系是反向时,某个战略性新兴产业经济政策变量值增大会促进战略性新兴产业经济发展,但会不利于生态环境保护,或者是有利于生态环境保护,但阻碍战略性新兴产业经济发展。为了探讨战略性新兴产业经济政策变量与战略性新兴产业生态政策变量之间的关系,本节设置了三组政策仿真实验:实验组一,固定战略性新兴产业经济政策变量值不变,调整战略性新兴产业生态政策变量的值,观察战略性新兴产业经济变量的变化趋势;实验组二,固定战略性新兴产业生态政策变量值不变,调整战略性新兴产业经济政策变量的值,观察战略性新兴产业生态变量的变化趋势;另处,设置对照组。

根据表5.11,科技投资比例系数、固定资产投资占比越大,表示政府、企业对战略性新兴产业的投资越多;排污上限政策因子越小,表示政府对战略性新兴产业排污的限制力度越大,即其代表的战略性新兴产业生态政策变量的值越大;环保投资比例系数越小,表示政府对战略性新兴产业的环保投资越少。对比对照组,实验组一增大排污上限政策因子和环保投资比例系

数的值,即保持战略性新兴产业经济政策变量值不变,增大战略性新兴产业生态政策变量的值。实验组二增大科技投资比例系数和固定资产投资占比的值,即保持战略性新兴产业生态政策变量的值不变,增大战略性新兴产业经济政策变量的值。

表 5.11　政策仿真实验

政策变量	对照组	实验组一	实验组二
科技投资比例系数	0.033	0.033	0.034
固定资产投资占比	0.09	0.09	0.10
排污上限政策因子	1.00	0.99	1.00
环保投资比例系数	0.008	0.010	0.008

二、生态经济政策效果及改进仿真模拟

限于篇幅,未将南水北调中线工程水源区各市详细展示,而是把研究区域定义为整个南水北调中线工程水源区(以下简称水源区),即把六市的基础数据相加作为水源区的基础数据。实验组一保持战略性新兴产业经济政策变量的值不变,增大战略性新兴产业生态政策变量的值,选取战略性新兴产业产值作为观察变量,其观察变量趋势如图 5.13 所示。实验组二保持战略性新兴产业生态政策变量的值不变,增大战略性新兴产业经济政策变量的值,选取四种主要污染物排放量作为观察变量,其观察变量趋势分别如图5.14—图 5.17 所示。

保持战略性新兴产业经济政策变量的值不变,增大战略性新兴产业生态政策变量的值,选取战略性新兴产业产值作为观察变量,结果显示,战略性新兴产业生态政策变量值的增大会对战略性新兴产业产值增长起到反作用。

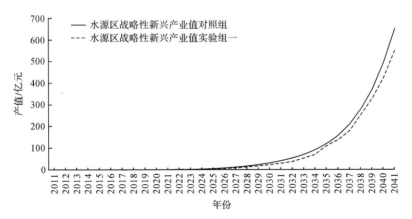

图 5.13　2011—2041 年实验组一战略性新兴产业产值变化趋势

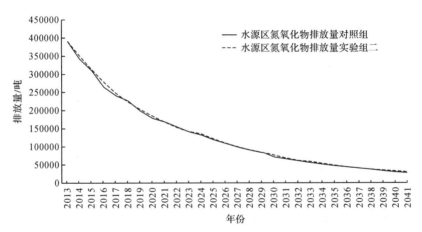

图 5.14　2013—2041 年实验组二氮氧化物排放量变化趋势

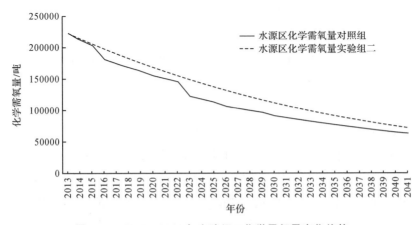

图 5.15　2013—2041 年实验组二化学需氧量变化趋势

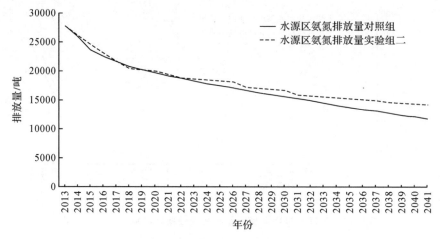

图 5.16　2013—2041 年实验组二氨氮排放量变化趋势

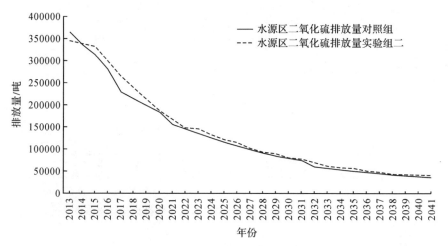

图 5.17　2013—2041 年实验组二二氧化硫排放量变化趋势

　　保持战略性新兴产业生态政策变量的值不变,增大战略性新兴产业经济政策变量的值,选取四种主要污染物排放量作为观察变量,其结果如图5.14—图5.17所示,战略性新兴产业经济政策变量值的增大会导致主要污染物排放量的增大。

　　综上所述,通过战略性新兴产业经济政策变量与战略性新兴产业生态政策变量仿真实验,可以得知战略性新兴产业经济政策变量和战略性新兴生态政策变量中任一政策变量值的加大会对另一政策的实施效果有影响,并且为阻碍作用,即两组政策变量之间存在逆向作用关系。

由图 5.6 仿真结果可知,六市战略性新兴产业产值随时间的推移而增加,即水源区的战略性新兴产业产值呈上升趋势。影响战略性新兴产业发展的因素很多,根据柯布-道格拉斯生产函数 $Y=\theta A^\alpha L^\beta K^\delta$,影响因素主要包括技术、劳动力和资本,而技术、资本可以通过加大科技投入和固定资产投资得到改善,促进战略性新兴产业发展,增加产值。战略性新兴产业产值的增加必然会带来对技术、固定资产的更高投入,这样循环下去,每年的产值增速会保持在较高的水平。由上文各市的主要污染物排放量模拟仿真图可知,主要污染物排放量整体上呈下降趋势。污染物的排放量主要受产生量和处理量的影响,产生量在一定程度上受战略性新兴产业的发展影响,处理量主要受国家生态政策的影响。结合上文,水源区战略性新兴产业产值呈上升趋势,而主要污染物排放量呈下降趋势,可以得知水源区战略性新兴产业发展在一定程度上会影响生态经济的发展,即战略性新兴产业发展与生态经济总体呈现良性的互动发展状态。

由本节政策变量研究可知,战略性新兴产业经济政策变量和战略性新兴产业生态政策变量之间有逆向作用关系,所以两者之间存在一种协调,能够使两者发挥最大政策绩效。采用政策距离的相对值计算政策绩效。

$$M=1-\sqrt{\left(\frac{\mathrm{PG_1}-\mathrm{PC_1}}{\mathrm{PG_1}}\right)+\left(\frac{\mathrm{PG_2}-\mathrm{PC_2}}{\mathrm{PG_2}}\right)^2},M\in[0,1] \qquad (5.32)$$

式中,M 表示政策绩效;$\mathrm{PG_1}$ 表示政策 1 的目标值;$\mathrm{PC_1}$ 表示政策 1 的完成值;$\mathrm{PG_2}$ 表示政策 2 的目标值;$\mathrm{PC_2}$ 表示政策 2 的完成值;当 $M=1$ 时,说明政策绩效最大,完成政策目标;当 $M=0$ 时,说明政策绩效最小,未完成政策目标。

由于十堰市是南水北调中线工程核心水源区,所以本部分以十堰市为主体做政策绩效分析。由第三节模拟仿真结果(见表 5.12)可知,十堰市2013—2017 年战略性新兴产业产值年平均增速为 33%,达到十堰市“十二五”规划中“10%以上”的目标。十堰市四种主要污染物排放量在 2013—2017 年的年平均降幅分别为 26%、11%、14%、21%,达到湖北省“十二五”减排目标(氮氧化物下降 7.2%,化学需氧量下降 7.4%,氨氮化物下降 7.4%,二氧化物下降 8.3%)。综上来看,十堰市的战略性新兴产业发展和环境控制都达到规划目标。经济政策与生态政策绩效为 0.97,处于较高水平。

$$M=1-\left[\frac{(10\%-33\%)}{10\%}+\frac{(7.2\%-26\%)}{7.2\%}+\frac{(7.4\%-11\%)}{7.4\%}+\frac{(7.4\%-14\%)}{7.4\%}+\frac{(8.3\%-21\%)}{8.3\%}\right]^{\frac{1}{2}}$$
$$=0.97 \tag{5.33}$$

表 5.12 2013—2017 年十堰市生态经济发展模拟仿真结果和规划目标对比

目标内容	模拟仿真结果	规划目标
战略性新兴产业产值增速	33%	10%以上
氮氧化物排放降幅	26%	7.2%
化学需氧量排放降幅	11%	7.4%
氨氮化物排放降幅	14%	7.4%
二氧化物排放降幅	21%	8.3%

第五节 南水北调中线工程水源区生态经济政策优化建议

前文利用系统动力学模拟仿真,对战略性新兴产业发展、南水北调中线工程水源区生态经济,以及经济政策变量与生态政策变量的关系做了模拟仿真分析,主要得到以下结论。

第一,六市的战略性新兴产业产值整体上均呈上升趋势,且随着时间推移,发展的速度递增。各市的战略性新兴产业产值在 2037 年以前发展趋势比较平缓,在 2039 年后发展较快。六市的主要污染物排放量整体上都呈现逐年减少趋势。

第二,从经济政策变量与生态政策变量的关系研究中可知,战略性新兴产业经济政策变量和战略性新兴产业生态政策变量中任何一项政策变量值的加大都会对另一项政策的实施效果产生影响,并且有阻碍作用,即两组政策变量之间存在逆向作用关系。

第三,在现有战略性新兴产业经济政策和战略性新兴产业生态政策配置下，政策绩效较高，战略性新兴产业发展与生态经济总体呈现良性的互动发展状态，即现有政策配置对战略性新兴产业产值的提高有明显促进作用，污染物排放总量控制政策对于约束四种主要污染物排放的力度较大，基本能够达到四种主要污染物的总量控制目标。

根据研究结论，提出政策优化建议如下。

第一，加大财政引导和税收优惠力度，鼓励战略性新兴产业发展。财政部门对科技投入的力度加大，使战略性新兴产业科技投资的增长率保持在较高水平。围绕战略性新兴产业高端发展，健全有利于战略性新兴产业发展的科技计划管理体系，优化财政科技投入不同产业的结构，国家和政府支持突破核心技术，科技成果转化为实际产品，完善科技平台建设，支持战略性新兴产业培育等。进一步完善税收优惠政策体系，充分利用各项财税优惠政策，引导和鼓励战略性新兴产业企业加大研发活动投资。

第二，优化固定资产对不同产业的投资结构，提升对战略性新兴产业的固定资产投资比例。产业经济发展是以持续的资本投资为基础的，不同的投资结构可以直接影响到产业结构。南水北调中线工程水源区各市应该加大对战略性新兴产业的投资规模。

第三，严格污染物排放标准，加大污染物处理投资。国家和地区制定明确污染物的排放标准，淘汰落后产业，支持节能环保、新一代信息技术、生物、高端技术装备制造、新能源、新材料和新能源汽车等战略性新兴产业发展。同时，政府相关部门也应该加大对污染物的处理投资，减少污染物的排放。

第四，在政府通过一系列政策鼓励战略性新兴产业发展的同时，企业也要加强对自身科技投入和资本投入，如加大技术研发费用投入、支持产业科技创新成果转化等。

汉江生态篇

第六章　汉江生态经济带区域生态经济协调发展研究

第一节　研究背景

一、环境基础

汉江流域位于我国中部地区,涉及6省(市)22地市(州),具有自然资源丰富、经济基础雄厚、生态条件优越三大发展优势。作为重要战略通道,汉江流域使得新丝绸之路经济带和长江经济带的联系得到加强,协同效应不断显现。汉江中下游有5个城市属武汉城市圈,中上游有5个城市属鄂西生态文化旅游圈,国家南水北调中线工程水源地丹江口水库位于汉江中游地区。2018年10月,国务院正式批复的《汉江生态经济带发展规划》,要求实施最严格的水资源管理和生态环境保护制度。目前,汉江水生态保护以及水环境管理体制创新力度加强、"绿色、民生、经济"三位一体考核方式应用、生态补偿机制设立、区域协调管理体制推进等一揽子措施已经在汉江流域施行。因此,对汉江流域主要生态保护城市工业生态效率进行动态评估,及时准确反馈水资源管理和生态环境保护状况,具有重要的现实意义。

2018年11月,《汉江生态经济带发展规划》正式发布实施。《汉江生态经济带发展规划》指出,推动汉江生态经济带发展,有利于保护丹江口水库生态环境,确保南水北调中线工程水源地安全;有利于加快转变发展方式,保护汉江流域生态环境,促进经济社会可持续发展;有利于加快产业结构优化升级,增强整体经济实力和竞争力,促进经济提质增效;有利于推动经济要素有序自由流动、市场统一融合,形成上下游优势互补、协作互动新格局;有利于发挥区位、生态优势,推动中部地区崛起;有利于实现推进"一带一路"建设与长江经济带发展联动,促进东中西区域良性互动协调发展。汉江生态经济带规划范围包括:河南省南阳市全境及洛阳市、三门峡市、驻马店市的部分地区,湖北省十堰市、神农架林区、襄阳市、荆门市、天门市、潜江市、仙桃市全境及随州市、孝感市、武汉市的部分地区,陕西省汉中市、安康市、商洛市全境。规划面积19.16万平方千米,2017年底常住人口4444万人,地区生产总值2.24万亿元。

汉江生态经济带所辖城市定位及概况如下。

(一)湖北省所辖十市

由《湖北省主体功能区规划》可知,在湖北省"两圈两带"总体战略体系中,汉江生态经济带既与长江经济带并列,又是其重要组成部分,还是"二圈"(武汉城市圈、鄂西生态文化旅游圈)的重要连接线、发展轴。在"一主两副、两纵两横"城市化战略格局中,流域内的武汉市是国家中心城市,定位为武汉城市圈核心城市;襄阳市是两大省域副中心城市之一,定位为襄十随(十堰、随州)城市群核心城市;汉江干流走向与"一纵两横"均有不同程度重合,具体有"两横"的沪汉渝高速公路城镇发展复合轴、汉十高速公路暨汉渝铁路城镇发展复合轴,"一纵"的焦柳铁路发展复合轴。在"三区七带"农业战略格局中,地处下游的江汉平原综合农业发展区居"三区"之首,汉江全流域全覆盖七大优势产业带:优质水稻带、"双低"油菜带、棉花带、林特产业带、专用小麦带、生猪产业带以及水产养殖带等。在"四屏两带一区"生态安全战略格局中,"四屏"之一是上游秦巴山区,"两带"之一是汉江水土保持带,"一区"专指江汉平原湖泊湿地生态区。

(二)陕西省所辖三市

在陕西省总体发展战略体系中,以汉江流域内的汉中、安康、商洛三大循环经济聚集区为承载,构建生态型产业发展新体系。在"一核四极两轴"城市化战略格局中,汉中是"四极"中的重要一极。在"两屏三带"生态安全战略格局中,秦巴山区是两块生态屏障之一(另一屏是黄土高原生态屏障),汉丹江两岸则被明确定位为"生态安全带"。在"五区十八基地"农业战略格局中,汉中盆地和秦巴山地均被划入五大农业发展区之中,分别重点建设六大产业基地:优质水稻、"双低"油菜、畜产品、中药材、林特产品和优质茶叶。

(三)河南省所辖四市

《河南省"十三五"规划纲要》明确提出,要加强与周边省份合作,积极参与跨省域经济区建设,在与周边省份共同打造的三大高层次区域合作发展平台中,汉江生态经济带位居其中。在"四区三带"生态安全战略格局中,南阳事关桐柏大别山地生态区(桐柏县)、伏牛山地生态区(南阳盆地大致沿南水北调走向以北山丘区)、平原生态涵养区(南阳盆地)、南水北调中线生态走廊。在"一极三圈八轴带"的中原城市群空间格局中,南阳位于郑州1小时紧密圈和郑州—南阳沿郑万西南向发展轴。作为南水北调中线调水核心水源区和中线调水陶岔渠首所在地,南阳在"十三五"期间肩负一系列水生态文明建设重任:围绕水质安全,加强环库区及干渠沿线生态综合防治和宽防护林带、高标准农田林网建设,建成中线工程渠首水源地高效生态经济示范区;推进国家级水生态文明城市试点建设;支持南阳建设豫鄂陕省际区域性中心城市、国家生态文明先行示范区;支持南阳实施大别山革命老区振兴发展规划;支持邓州建设成丹江口库区区域中心城市。

综上,以汉江生态经济带作为研究区域,主要研究对象选择汉江生态经济带沿线17个城市,在对城市工业用水状况、污水排放情况及经济发展状况等数据做剖析的基础上,筛选工业生态效率评价指标并构建指标体系,运用BCC-DEA模型和Malmquist—DEA模型分别进行静态、动态效率测算,据此对汉江生态经济带工业生态效率进行评估。

二、产业背景

2012年5月30日,《"十二五"国家战略性新兴产业发展规划》通过,规划将战略性新兴产业分为节能环保、新一代信息技术、生物、高端装备制造、新能源、新材料、新能源汽车等七大产业。

2012年7月9日,国务院向全国印发了《"十二五"国家战略性新兴产业发展规划》,《规划》中更进一步明确了七大战略性新兴产业发展的主要方向和重点任务,由此大力推进战略性新兴产业的发展落到了实处。

2017年1月25日,国家发展和改革委员会公布《战略性新兴产业重点产品和服务指导目录》。该目录把战略性新兴产业分5大领域8个产业,近4000项细分产品和服务。

《2017年湖北省政府工作报告》指出,更大力度加快发展新经济,培育壮大战略性新兴产业。

《汉江生态经济带发展规划》指出,汉江上游是南水北调中线工程的水源地,在区域发展总体格局中具有重要地位。该地区农业基础良好,汽车、机械、化工、电子、轻纺、食品等工业蓬勃发展,是全国重要的汽车工业、装备制造和纺织服装生产基地。旅游、物流等现代服务业发展迅速,产业转型升级步伐加快。

南水北调中线工程实施后,丹江口库区及上游地区水污染治理和生态建设任务更加迫切,经济发展与生态环境保护的矛盾更加突出。汉江流域经济发展整体上尚处于工业化中期,产业结构层次偏低,传统农业比重偏大,工业技术含量偏低,服务业发展滞后,产业升级、新旧动能转换压力大,经济外向度低,开放合作平台缺乏。

综上所述,有着良好传统制造业基础的汉江生态经济带,应国家生态文明建设需要,肩负着发展经济和保护生态的双重任务,国家出台政策大力支持战略性新兴产业发展,为汉江生态经济带实现上述目标提供了机遇。但应当看到,目前,汉江生态经济带制造业经济高质量发展和生态保护间仍存在矛盾,表明经济政策和生态政策的实施仍有改进空间。鉴于此,基于对汉江生态经济带工业生态效率的静态、动态评估,提出促进工业生态效率提高,实现水生态环境与经济发展相协调的对策建议,为汉江生态经济带制定区域和产业高质量发展规划提供参考。

三、研究目的

目前,中国工业用水正面临多方面的压力:一是工业缺水现象日趋严重。不合理的水价机制和粗放的用水方式使得工业水资源浪费严重,而工业化和城市化的迅速发展又对工业用水造成了严重的挤压,这导致工业用水进一步短缺。二是工业水污染严重。根据《第二次全国污染源普查公报》,2017年,中国工业废水排放中化学需氧量(COD)排放量和氨氮排放量分别为 90.96 万吨和 4.45 万吨。不断加剧的工业缺水和工业水污染问题,对中国工业水资源的合理配置提出了严峻挑战。工业用水既要考虑经济效益,也要考虑生态效益。面对工业缺水和工业水污染的双重压力,探索提高工业水资源利用效率的途径,将有助于推动中国工业水资源的合理配置,促进工业可持续发展。

2018年,汉江生态经济带由省级战略上升为国家级战略,流域内城市的传统粗放式工业生产模式使生态承载力不足,以资源消耗为主的重工业结构却仍未得到调整,导致工业污染排放水平居高不下,环境治理难度较高。要从根本上转变区域工业发展模式,既兼顾经济增长,又兼顾生态保护和社会公平,最终实现真正的高质量发展,提升地区工业生态效率是必然选择。生态效率是衡量经济行为与地区环境承载力关系的重要指标。生态效率概念的提出为解决工业发展与生态保护二者之间的矛盾提供了有效路径。汉江生态经济带要实现工业高质量发展,以最少的要素投入创造出最大的经济产生,同时将污染影响降至最低,提高流域内沿线城市的工业生态效率是最关键的一步。

　　本章将基于上述问题,在生态保护和区域高质量发展的宏观战略背景下,科学测算汉江生态经济带沿线 17 个城市的工业生态效率,为汉江生态经济带区域生态经济协调发展提供一定理论和实践参考。

第二节　理论基础

一、生态环境技术

　　经济系统的生产过程伴随着各种资源投入,产品既有期望产出(好的产出),也有非期望产出(坏的产出)。假设某一地区在以传统的投入要素——资本 K、劳动力 L 和工业用水 S,形成地区工业总产值 Y(期望产出)和废污水排放 C(非期望产出)。该生产过程可用以下方程式表示

$$P(x) = \{(Y, C) : (K, L, S, Y, C) \in T\} \tag{6.1}$$

　　式中,T 为生产过程中的技术关系,$P(K, L, S)$ 为产出集,符合闭性、有界和凸性特征,即一定的投入不可能得到无限产出;如果这些投入可以获得两组产出量,那么也能产出这两种产出量的任意加权平均。此外,根据 Chung、Fare 和 Grosskopf(1997)以及 Fare、Grosskopf 和 Pasurka(2007),$P(x)$ 还满足以下条件:

　　(1)$P(x)$ 满足投入的强可处置性,即若$(y, u) \in P(x)$ 且 $x' > x$,则 $P(x) \in P(x')$;

　　(2)$P(x)$ 满足期望产出的强可处置性,而且为零成本,即若$(y, u) \in P(x)$ 且 $y' < y$,则$(y', u) \in P(x)$;

　　(3)$P(x)$ 满足非期望产出的弱可处置性,这表明非期望产出减少必须以损失期望产出为代价,因而减少非期望产出存在成本。即若$(y, u) \in P(x)$ 且两

类产出的比例系数 θ 满足 $0 \leqslant \theta \leqslant 1$，则满足 $(\theta y, \theta u) \in P(x)$；

(4) $P(x)$ 满足期望产出和非期望产出的零结合性。这意味着生产活动中只要有期望产出，就必然伴随非期望产出，避免非期望产出的唯一办法是停止生产活动，即若 $(y, u) \in P(x)$ 且 $u = 0$，则 $y = 0$。

上述理论将期望产出和非期望产出有效地结合在一起，更深入地解析了生态环境生产技术，但其不具备应用性，无法直接用于实证研究，只有与 DEA 技术结合才能应用于实践（Chung et al.，1997）。根据 Zhou 等（2008）的 DEA 技术，设有 I 个地区，即 I 个决策单元（DMU），第 I 个地区的投入产出为 (K, L, S, Y, C)。据此，规模报酬不变条件下的生产过程可用式（6.2）表示。

$$P(K, L, S) = \{(K, L, S, Y, C)\}$$

$$\sum \lambda_i K_i \leqslant K；\sum \lambda_i L_i \leqslant L；\sum \lambda_i S_i \leqslant S$$

$$\sum \lambda_i Y_i \geqslant Y \qquad\qquad\qquad (6.2)$$

$$\sum \lambda_i C_i = C$$

$$\lambda_i \geqslant 0, \quad i = 1, 2, \cdots, n$$

其中，λ_i 为相对于 DMU_0 重新构造的一个有效 DMU 组合中第 i 个评价单元 DMU_i，$\lambda_i \geqslant 0$ 表明生产技术为规模报酬不变。式（6.2）中的不等式约束表明要素投入和期望产出具有强可处置性，等式约束则说明了非期望产出的弱可处置性和两类产出的零结合性。

二、工业生态效率测度原理

Malmquist 指数由 Caves、Christensen 和 Diewert 引入，Fare、Grosskopf 和 Norris 等（1994）将其发展为用距离函数描述的非参数方法。定义 Malmquist 指数的 Shephard 距离函数分为投入导向型和产出导向型，前者在保持产出一定的条件下尽可能地减少投入，后者是在保持投入一定的前提下，尽可能地增加产出。因为模型中出现了非期望产出废污水，所以传统的 Shephard 距离函数无法求解，需要借鉴静态环境绩效测度方法，据此，废污水的距离函数可表示为

$$D(K, L, S, Y, C) = \sup\{W : (K, L, S, Y, C/W) \in P(K, L, S)\} \qquad (6.3)$$

通过求解式（6.3）中的 W 值可得提升生态效率的最大限度，从而可以

评价地区的静态生态绩效。在此基础上，可以构建 Malmquist 动态绩效方程测算生态效率的动态变化。参照 MalmquistTFP 指数（崔玮等，2012），设计工业生态效率指数为 MEI，因为 MEI 既可以 t 时期的技术为参照，也可以 $t+1$ 时期的技术为参照，为避免因时期选择不同导致结果上的差异，以两个时期的几何平均数衡量 t 到 $t+1$ 时期废污水产出的变化情况，方程式为

$$\text{MEI}_{(t,t+1)} = \frac{D_t(K_t,L_t,S_t,Y_t,C_t)D_{t+1}(K_t,L_t,S_t,Y_t,C_t)}{D_t(K_{t+1},L_{t+1},S_{t+1},Y_{t+1},C_{t+1})D_{t+1}(K_{t+1},L_{t+1},S_{t+1},Y_{t+1},C_{t+1})}$$

(6.4)

式中，(K_t,L_t,S_t,Y_t,C_t) 和 $(K_{t+1},L_{t+1},S_{t+1},Y_{t+1},C_{t+1})$ 分别表示 t 时期和 $t+1$ 时期的投入产出量；D_t 和 D_{t+1} 分别表示以 t 时期的技术 $T(t)$ 和以 $t+1$ 时期的技术 $T(t+1)$ 为参照的生态效率的距离函数，在不变规模报酬的假设下，式（6.5）可写为

$$\text{MEI}_{(t,t+1)} = \frac{\dfrac{D_{t+1}(K_{t+1},L_{t+1},S_{t+1},Y_{t+1},C_{t+1})}{D_t(K_t,L_t,S_t,Y_t,C_t)}}{\dfrac{D_t(K_{t+1},L_{t+1},S_{t+1},Y_{t+1},C_{t+1})D_t(K_t,L_t,S_t,Y_t,C_t)}{D_{t+1}(K_t,L_t,S_t,Y_t,C_t)D_{t+1}(K_{t+1},L_{t+1},S_{t+1},Y_{t+1},C_{t+1})}}$$

(6.5)

式中，等式右边方括号内外的比值分别反映从 t 到 $t+1$ 时期的技术进步指数（TECH）和技术效率变化指数（EFFCH），分别以式（6.6）、式（6.7）表示。前者测量的是 t 到 $t+1$ 时期被评价地区追赶生产前沿面的程度，后者测量的是技术变动情况。TECH 或 EFFCH 大于 1，表示其为城市工业生态效率提高的源泉；反之，则是降低的根源。MEI 大于 1，表示城市工业生态效率提高；反之，表示降低。

$$\text{TECH} = \frac{D_t(K_{t+1},L_{t+1},S_{t+1},Y_{t+1},C_{t+1})D_t(K_t,L_t,S_t,Y_t,C_t)}{D_{t+1}(K_t,L_t,S_t,Y_t,C_t)D_{t+1}(K_{t+1},L_{t+1},S_{t+1},Y_{t+1},C_{t+1})}$$ (6.6)

$$\text{EFFCH} = \frac{D_{t+1}(K_{t+1},L_{t+1},S_{t+1},Y_{t+1},C_{t+1})}{D_t(K_t,L_t,S_t,Y_t,C_t)}$$ (6.7)

求某地区城市工业生态效率动态指数时，需要以四个时期的技术为参照求解四个距离函数，求解采用线性规划法。

式中，p 和 q 表示时期，且 $p,q \in (t,t+1)$。

$$[D_p(K_i^q,L_i^q,S_i^q,Y_i^q,C_i^q)]^{-1} = \min d$$ (6.8)

$$\text{s.t.} \sum_{i=1}^{I} \lambda_i K_i^p \leqslant K_i^q$$

$$\sum_{i=1}^{I} \lambda_i L_i^p \leqslant L_i^q$$

$$\sum_{i=1}^{I} \lambda_i S_i^p \leqslant S_i^q$$

$$\sum_{i=1}^{I} \lambda_i Y_i^p \leqslant Y_i^q$$

$$\sum_{i=1}^{I} \lambda_i C_i^p \leqslant dC_i^q$$

第三节 汉江生态经济带生态环境与制造业经济发展现状

一、汉江生态经济带生态环境现状

(一)汉江生态经济带沿线城市汉江断面水质状况

汉江干流及支流属于南水北调中线工程的水源区和调水源头之一。2017年,汉江断面水质类别为Ⅱ类达标或Ⅰ—Ⅱ类达标的城市包括:十堰、襄阳、荆门、天门、潜江、仙桃、随州、孝感、商洛9市;水质类别为Ⅲ类达标的城市包括:神农架林区、驻马店市;水质类别为Ⅰ—Ⅲ类达标的城市包括:汉中市、安康市;水质类别为Ⅱ—Ⅲ类达标的城市包括:武汉市、南阳市,其中,南阳市白河为Ⅳ轻度污染;水质存在污染的城市包括:洛阳市、三门峡市,其中,洛阳市涧河为Ⅳ类,轻度污染;瀍河为劣Ⅴ类,重度污染,三门峡市水质轻度污染,具体见表6.1。

表6.1 2017年、2018年汉江生态经济带沿线城市汉江断面水质类别对比

城市	汉江断面水质类别		对比
	2017 年	2018 年	
十堰市	Ⅱ,达标	Ⅰ—Ⅱ,优	上升
神农架林区	Ⅲ,达标	—	—
襄阳市	Ⅱ,达标	Ⅱ,达标	维持不变
荆门市	Ⅱ,达标	—	—

续表

城市	汉江断面水质类别		对比
	2017 年	2018 年	
天门市	Ⅱ,达标	Ⅱ,达标	维持不变
潜江市	Ⅱ,达标	——	
仙桃市	Ⅱ,达标	Ⅱ,达标;汉江黄家村断面Ⅲ类,未达标	下降
随州市	Ⅱ—Ⅲ,达标	Ⅲ,达标	略有下降
孝感市	Ⅰ—Ⅱ,达标	Ⅱ,达标	略有下降
武汉市	Ⅱ—Ⅲ,达标	Ⅲ,达标	略有下降
汉中市	Ⅰ—Ⅲ,达标	Ⅰ—Ⅲ,达标	维持不变
安康市	Ⅰ—Ⅲ,达标	Ⅱ,达标	维持不变
商洛市	Ⅱ,达标	Ⅱ,达标	维持不变
南阳市	Ⅱ—Ⅲ,达标;白河Ⅳ类,轻度污染	Ⅱ达标	上升
洛阳市	涧河Ⅳ类,轻度污染;瀍河劣Ⅴ类,重度污染	涧河Ⅳ类,轻度污染;瀍河Ⅴ类,中度污染	涧河维持不变瀍河有所好转
三门峡市	轻度污染	轻度污染	维持不变
驻马店市	Ⅲ,达标	Ⅲ,达标	维持不变

注:神农架林区、荆门、潜江部分数据缺失。

随着水环境综合整治的不断推进,17市河流、库区水环境质量逐年提升。到 2018 年,十堰、南阳水质类别达标且上升,其中,十堰市水质类别由Ⅱ类达标上升为Ⅰ—Ⅱ类优;襄阳、天门、汉中、安康、商洛、驻马店水质类别维持不变且达标;随州、孝感、武汉水质类别略有下降,但仍达标;仙桃水质类别出现下降,主要是汉江黄家村断面水质类别为Ⅲ类未达标;洛阳水质有所好转但仍存在中度污染现象;三门峡水质维持不变,仍为轻度污染。

(二)汉江生态经济带沿线城市大气环境状况

1.城区空气质量优良天数达标率

从图 6.1 中可以看出,17 市优良天数比例均在 50% 以上,其中,优良天数比例在 2017—2018 年均达到过 80% 的城市包括:十堰市、神农架林区、天门市、潜江市、仙桃市、随州市、汉中市、安康市、商洛市、南阳市。其中,十堰市 2017 年 PM10 排放量提前 3 年达到国家二级标准,实现历史性突破;神农架林区 2017 年城镇空气质量状况总体保持优良,各项指标位居湖北省第一;商洛市 2017 年城市环境空气质量位居陕西省第一。

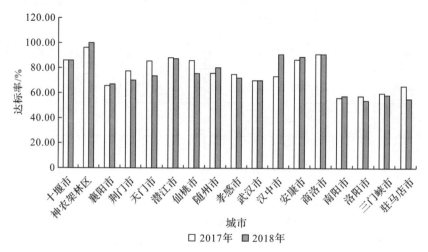

图 6.1 2017 年、2018 年汉江生态经济带 17 市城区空气质量优良天数达标率

2.大气污染物排放情况

从图 6.2 中可以看出,神农架林区、商洛、安康的大气污染物排放量较低,大部分城市的大气污染物排放量变化不大,南阳的 PM10 排放量明显减少,洛阳的 PM10 排放量和 PM2.5 排放量均明显减少。

在大气环境治理方面,17 市均采取了积极措施:天门、仙桃、孝感、武汉、安康、南阳、驻马店开展燃煤锅炉整治;天门、孝感、武汉、汉中、安康、南阳、驻马店加大挥发性有机物治理力度;武汉、汉中实施重点行业废气治理改造;汉中、安康、驻马店加快实施落后产能淘汰;汉中、驻马店全面实施机动车尾气污染防治;安康加强重点区域流域重金属污染防治;南阳整治取缔"散乱污"企业,进一步完善环境空气自动监控网络,还初步建立了政府、企业、社会多元投资机制。

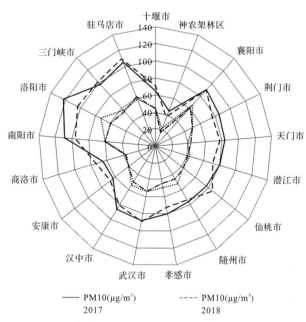

—— PM10(μg/m³)　　　---- PM10(μg/m³)
2017　　　　　　　　2018

图 6.2　2017 年、2018 年汉江生态经济带 17 市大气污染物排放情况对比

（三）汉江生态经济带沿线城市工业污染物排放情况

城市工业排放的污染物主要包括氮氧化物、化学需氧量、氨氮化物和二氧化硫。考虑到篇幅及便于图形突出重点，未得汉江生态经济带 17 个市2013—2018 年全部 408 个工业污染项目数据列出，而是将汉江生态经济带作为一个整体，显示其 2013—2018 年工业污染物排放情况并分析其变化趋势（见图 6.3），在后文的仿真模型分析中也采用此处理方法。

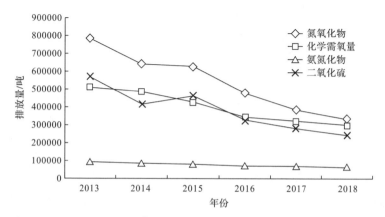

图 6.3　2013—2018 年汉江生态经济带 17 市工业污染物总排放量

从图 6.3 可以看出,汉江生态经济带沿线 17 市工业污染物总排放量整体呈下降趋势,其中,氮氧化物和化学需氧量排放量下降明显,二氧化硫排放量除 2015 年略有回升外,其余年份下降迅速,氨氮化物呈现缓慢下降趋势。

二、汉江生态经济带制造业经济发展现状

(一)汉江生态经济带制造业产出水平

第二产业增加值是反映第二产业发展的核心指标,从表 6.2 中可以看出,汉江生态经济带沿线 17 市的第二产业增加值均呈逐年上升趋势,2018 年同 2017 年相比,17 市第二产业增加值占 GDP 的比重基本持平,部分城市略有上升,说明汉江生态经济带制造业发展态势良好。

表 6.2　2017 年、2018 年汉江生态经济带 17 市制造业产值情况

城市	第二产业增加值/亿元		地区 GDP/亿元		第二产业增加值占 GDP 的比重/%	
	2017 年	2018 年	2017 年	2018 年	2017 年	2018 年
十堰市	783.40	843.50	1632.30	1747.80	47.99	48.26
神农架林区	9.03	11.18	25.51	28.59	35.39	39.10
襄阳市	2147.80	2218.20	4064.90	4309.80	52.84	51.47
荆门市	793.08	943.89	1664.17	1847.89	47.66	51.08
天门市	267.23	302.85	528.25	591.15	50.59	51.23
潜江市	351.97	398.09	671.86	755.78	52.39	52.67
仙桃市	386.46	413.25	718.66	800.13	53.78	51.65
随州市	437.30	488.74	935.72	1011.19	46.73	48.33
孝感市	839.82	925.58	1742.23	1912.90	48.20	48.39
武汉市	5861.35	6377.75	13410.34	14847.29	43.71	42.96
汉中市	617.88	702.15	1333.30	1471.88	46.34	47.70
安康市	529.69	626.80	974.66	1133.77	54.35	55.28
商洛市	442.23	441.69	800.77	824.77	55.23	53.55
南阳市	1442.97	1475.16	3377.70	3566.77	42.72	41.36
洛阳市	2037.70	2067.60	4343.10	4640.80	46.92	44.55
三门峡市	823.93	842.19	1460.81	1528.12	56.40	55.11
驻马店市	806.24	925.67	2002.64	2370.32	40.26	39.05

根据表 6.2,除神农架林区外,其他 16 市的第二产业增加值占 GDP 的比重都超过 40%,说明第二产业在 16 市的城市发展中占据重要地位,是城市的支柱产业,其中,襄阳、天门、潜江、仙桃、安康、商洛、三门峡两年的占比

均超过 50％,结合汉江生态经济带各市 2017 年、2018 年城区空气质量优良天数达标率(见图 6.1)可以发现,襄阳、仙桃、三门峡的空气质量优良天数达标率偏低,在一定程度上反映出工业污染物排放给当地大气环境带来了不良影响,发展战略性新兴产业迫在眉睫;天门、潜江、安康、商洛第二产业增加值占 GDP 的比重虽然较高,但城区空气质量优良天数达标率保持良好,表明它们在工业发展与生态保护协调上取得了显著成效。

(二)汉江生态经济带制造业盈亏状况

根据图 6.4,2017 年、2018 年汉江生态经济带 17 市规上企业主营业务收入和利润总额变化不大,武汉规上企业主营业务收入和利润总额最高,洛阳、襄阳相对较高,神农架林区在 2017 年出现亏损。

除此之外,有关资料显示,十堰市企业亏损面由 2017 年的 12.3％收窄至 2018 年的 9.6％,神农架林区企业亏损面由 2017 年的 75％收窄至 2018 年的 58.3％,荆门市企业亏损额由 2017 年的 5.73 亿元降低至 2018 年的 3.3 亿元。反映出鼓励并培育战略性新兴产业,加快制造业转型升级和产业结构优化以适应市场对产品创新的需求已经在不少城市取得了成效。

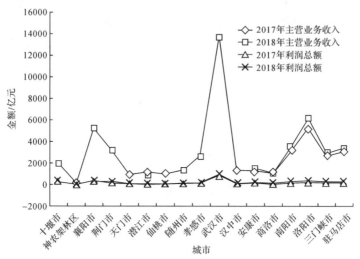

图 6.4　2017 年、2018 年汉江生态经济带 17 市规上企业盈亏状况对比
注:神农架林区、天门、仙桃、汉中部分数据缺失。

(三)汉江生态经济带制造业创新能力状况

战略性新兴产业是以重大技术突破和重大发展需求为基础,具有知识技术密集、物质资源消耗少、成长潜力大、综合效益好的特征,对经济社会长

远发展具有重大引领带动作用的产业。汉江生态经济带沿线城市制造业肩
负促进经济发展和环境保护双重任务,必须加快发展战略性新兴产业,实现
转型升级。图 6.5 是 2013—2018 年汉江生态经济带沿线 17 市战略性新兴
产业产值,其变化趋势反映了汉江生态经济带制造业的创新能力。可以看
出,除天门市、随州市外,其他 15 市战略性新兴产业产值均呈现逐年稳步增
长趋势,天门市在 2017 年略有下降,2018 年实现回升,随州市在 2016 年出
现下降,2017 年、2018 年逐年回升。武汉市战略性新兴产业产值最高且增
速最快,襄阳、洛阳、荆门、孝感、十堰 5 市较高,武汉市、襄阳市战略性新兴
产业产值在 2018 年增速大幅上升。

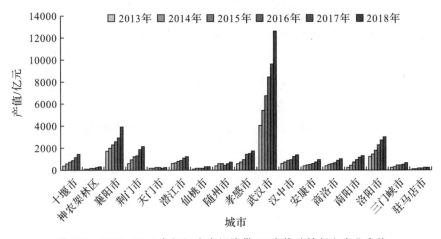

图 6.5 2013—2018 年汉江生态经济带 17 市战略性新兴产业产值

第四节 汉江生态经济带生态保护与
经济协调发展建模分析

一、指标选择与数据来源

为使效率评价指标合理可行,需遵循重要性、系统性、独立性、相关性、
可行性的指标选择原则。重要性即投入、产出指标要能够对效率产生重要
影响,系统性即注意指标刻画的全面性,独立性即投入、产出指标之间要避
免重叠,相关性即投入、产出指标之间要有影响链条,可行性即指标要考虑
数据可得性以及指标是否易于理解。

　　基于数据的科学性和研究需要,本部分选取 2010—2019 年汉江生态经济带 17 市的资本、劳动力、工业用水总量为投入,工业总产值为期望产出,废污水排放量为非期望产出。

　　本部分数据来源于中国知网经济社会大数据研究平台、河南省统计年鉴、湖北省统计年鉴、陕西省统计年鉴、各地市年鉴、各地市生态环境质量公报、中国城市年鉴、中国城市建设年鉴、国民经济和社会发展公报、湖北省生态环境状况公报等。其中,一些指标数据是直接获取,一些指标数据基于权威来源经手工整理或计算获得。相关数据统计描述详见表 6.3。

表 6.3　城市工业生态效率评价指标体系

指标类型	指标名称	单位	最大值	最小值	中值	均值	标准差
投入指标	工业用水总量	万立方米	202000.00	500.00	20580.00	44334.00	49225.85
	资本	万元	68463.82	543.40	5009.06	11673.50	17295.45
	劳动力	万人	230.31	0.14	30.00	56.68	67.38
产出指标	工业总产值	亿元	6377.75	4.88	537.13	896.13	1130.46
	废污水排放量	万立方米	43884.00	125.96	6128.81	9401.19	9973.61

二、工业生态效率测度

　　根据本章第二节测算工业生态效率的模型和方法,本部分对汉江生态经济带沿线 17 市的工业生态效率及其分解项进行测度。首先,运用 DEAP 软件测算 2010—2019 年汉江生态经济带沿线 17 市工业生态效率指数(MEI)及其分解项,包括技术进步变化指数(TECHCH)和技术效率变化指数(EFFCH);其次,将技术效率变化指数分解为纯技术效率指数(PECH)和规模效率指数(SECH),纯技术效率反映管理水平不一致导致的效率值差异,规模效率反映规模报酬不同导致的效率值差异,综合效率值反映同时考虑管理水平和规模报酬差异的综合效率;再次,计算 5 个效率值指标的均值;最后,从汉江生态经济带整体和城市两个层面,深入探究汉江生态经济带沿线城市工业生态效率及其分解项的动态演进特征和影响因素,为评估汉江生态经济带工业生态效率及制定提升和发展策略提供参考。

(一)整体层面工业生态效率测度结果

对 2011—2018 年汉江生态经济带沿线 17 市工业生态效率进行测度，依据计算结果整理得到 2010—2019 年汉江生态经济整体层面的全要素生产率指数及其分解项的平均值，详见表 6.4。

表 6.4　2010—2019 年整体层面工业生态效率测度结果

年份	技术效率变化指数EFFCH	技术进步变化指数TECHCH	纯技术效率指数PECH	规模效率指数SECH	工业生态效率指数MEI
2010	0.994	0.950	0.995	0.999	0.944
2011	0.997	0.856	0.981	1.016	0.853
2012	1.003	0.989	0.999	1.004	0.992
2013	0.984	0.918	0.981	1.002	0.903
2014	0.988	1.031	0.990	0.998	1.019
2015	0.993	0.943	0.995	0.998	0.937
2016	0.944	1.265	0.970	0.973	1.194
2017	1.019	0.852	0.998	1.021	0.868
2018	0.965	0.892	0.987	0.978	0.862
2019	1.059	0.864	1.054	1.005	0.915
均值	0.995	0.956	0.995	0.999	0.949

数据来源:作者计算整理。

(二)城市层面工业生态效率测度结果

从汉江生态经济带整体层面趋势演进分析可知，仅分析整体层面并不能反映汉江生态经济带各个城市工业生态效率及其分解项的差异和动态演进特征。因此，为揭示城市层面工业生态效率及其分解项的差异，对 2010—2019 年汉江生态经济带沿线 17 市的工业生态效率进行测度，依据计算结果，整理得到 17 市全要素生产率指数及其分解项的平均值，详见表 6.5。

表 6.5 **2010—2019 年城市层面工业生态效率测度结果**

地区		技术进步变化指数 TECHCH	技术效率变化指数 EFFCH	纯技术效率指数 PECH	规模效率指数 SECH	全要素生产率指数 TFPCH
陕西省	汉中市	1.039	0.998	1.000	0.998	1.037
	安康市	1.034	1.000	1.000	1.000	1.034
	商洛市	1.030	1.003	1.003	1.000	1.033
湖北省	十堰市	0.959	1.000	1.000	1.000	0.959
	神农架林区	1.007	1.002	1.000	1.002	1.009
	襄阳市	0.831	1.000	1.000	1.000	0.831
	荆门市	0.846	1.000	1.000	1.000	0.846
	天门市	1.025	1.008	1.001	1.006	1.033
	潜江市	0.775	1.000	1.000	1.000	0.775
	仙桃市	0.807	1.000	1.000	1.000	0.807
	随州市	1.037	1.000	1.000	1.000	1.037
	孝感市	0.826	0.990	0.961	1.031	0.818
	武汉市	0.925	0.981	1.000	0.981	0.908
河南省	南阳市	0.995	0.956	0.949	1.007	0.951
	洛阳市	0.974	0.974	1.000	0.974	0.983
	三门峡市	1.032	0.990	0.999	0.991	1.022
	驻马店市	1.052	1.000	1.000	1.000	1.052
均值		0.995	0.956	0.995	0.999	0.949

数据来源:作者计算整理。

依据表 6.4 数据,绘制成折线图(见图 6.6),可直观地反映 2010—2019 年汉江生态经济带沿线 17 市工业生态效率的演化趋势。

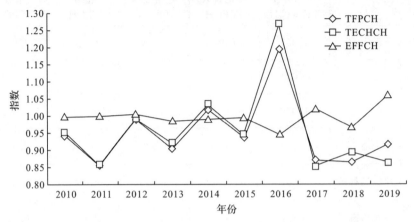

图 6.6 2010—2019 年汉江生态经济带全要素生产率指数及其分解项变化趋势

三、基于 Malmquist-DEA 模型的工业生态效率评估

根据表 6.4,2010—2019 年汉江生态经济带的技术效率平均值为 0.995,表明汉江生态经济带工业生态综合效率静态评估处于较高水平。技术效率最高值为 2019 年的 1.059,最低为 2016 年的 0.944,相差 0.115,极差值较小,说明技术效率稳定。纯技术效率和规模效率平均值分别为 0.995 和 0.999,表明汉江生态经济带总体水环境管理能力与环保投入规模处于较高水平。

(一)整体层面工业生态效率动态评估

在整体层面进行比较的主要目的是从时间维度考察汉江生态经济带整体的工业生态效率变化及特点。基于汉江生态经济带沿线 17 市的投入产出数据测算出工业生态效率及其分解项的结果(见表 6.4),对汉江生态经济带整体动态演进特征进行分析,反映 2010—2019 年汉江生态经济带的整体发展动态情况。运用 MaxDEA 对 2010—2019 年汉江生态经济带沿线 17 市工业生态效率进行测度,依据计算结果整理得到整体 2010—2019 年 10 年的效率平均值,测算汉江生态经济带整体工业生态动态效率。结果显示,全要素生产率指数平均值为 0.949,表明总体上汉江生态经济带工业生态动态效率良好。从 Malmquist 模型的平均值结果(Malmquist 模型计算的平均值为几何平均值)来看,技术效率平均值为0.995,技术进步平均值为0.956,纯技术效率平均值为0.995,规模效率平均值为0.999,均接近1,表明汉江生态经济带沿线城市通过采用先进的工业生态治理技术,绿色技术创新水平得到提高,成为驱动全要素生产率上升的关键因素。

首先,汉江生态经济带在研究期内的工业生态效率指数(MEI)均值小于1,数值为0.949,表示汉江生态经济带城市整体的工业生态效率呈现下降的态势。具体观察历年全要素生产率指数值可知,研究期内的工业生态效率均值大部分年份(2014年、2016年除外)未超过1,多数年份工业生态效率相对上一年都有不同程度的下降,其中2016年的降幅最大。

其次,从全要素生产率指数的分解项看,汉江生态经济带的工业技术进步变化指数(TECHCH)和技术效率变化指数(EFFCH)年均值分别为0.956和0.995。可以看出,研究期内大部分年份技术进步变化小于1,说明技术进步贡献偏小,技术效率变化指数与工业生态效率指数在时间序列上的变化趋势基本一致,说明技术效率是促进汉江生态经济带整体工业生态效率提高的主要动力源泉。从经济含义分析,说明汉江生态经济带沿线城市近年来实现工业快速发展,工业生产技术效率有重大进步,通过加快淘汰落后产能,削减环境污染严重和经济效益低下的工业企业数量,改善城市工业企业资源配置效率,纠正资源错配问题,发挥了技术效率对工业生态效率的促进作用。值得注意的是,技术进步对汉江生态经济带整体工业生态效率提升贡献度偏小,可能的原因是汉江生态经济带城市工业企业技术水平仍相对较低,部分企业设备和技术创新能力较弱,拉大了汉江生态经济带整体工业生态效率与生产技术效率之间的差距,抑制了工业生态效率的提升。提升汉江生态经济带工业生态效率,作为响应国家生态战略要求之一,应在技术进步的推动下,推动工业提高企业自主研发能力,将新技术和新设备应用于生产,提高工业企业的生产技术水平,通过传导机制使工业生态效率得到改善,发挥出技术进步对工业生态效率的促进作用。

根据图6.6,2010—2019年,全要素生产率指数走势同技术进步值呈现出高度一致性,两者均在1上下小幅波动;技术进步在2016年对全要素生产率产生重要驱动作用,将2016—2017年的全要素生产率大幅拉升;2017年技术进步下降也对全要素生产率产生了同等幅度的影响,但仍保持在1上下。

从图 6.6 的演化进程可知,汉江生态经济带沿线城市工业生态效率及其分解项变化趋势大致可分为两个阶段。

第一个阶段是 2010—2015 年。在这一时期内,经济带城市工业生态效率指数均值变化与技术进步变化指数均值变化趋势一致,呈现出下降—上升—下降—上升—下降的波动趋势,但趋势较为平缓,波动幅度不大;技术效率变化指数的均值变化不明显。这表明,在这段时期内,汉江生态经济带工业生态效率变化的主要动力来源是技术进步,而非技术效率。另外,技术效率总体上呈现缓慢下降趋势,且大部分年份低于 1,表明这一时期汉江生态经济带整体技术效率水平不高,对工业生态效率贡献度下降。

第二个阶段是 2016—2019 年。在这一时期内,三个指数均出现较大幅度的波动。2016—2017 年,工业生态效率指数均值与技术进步变化指数均值仍表现出较强的趋势一致性,特别是 2016 年,技术进步变化指数大幅上升,将汉江生态经济带整体的工业生态效率大幅拉升,同一时期,技术效率下降且数值小于 1,对工业生态效率产生不利影响,使得工业生态效率提升幅度低于技术进步上升幅度。这一时期,技术进步对工业生态效率提升起主要推动作用。技术进步变化指数与工业生态效率的大幅提升,与"十三五"规划的推行和政府加大科研经费投入有关。技术进步对经济增长的贡献较大,促进了工业技术进步,加快了产业结构转型,促进了汉江生态经济带工业生态效率的提升。技术进步变化指数在 2016 年大幅上升后,出现大幅下降,其值由 2016 年的 1.265 下降至 2017 年的 0.852,导致汉江生态经济带整体工业生态效率也出现大幅下降。同一时期,在工业生态效率下降的同时,技术效率变化指数上升,对防止工业生态效率进一步下降起到一定作用。2017 年之后,工业生态效率指数同技术进步变化指数的趋势不再一致,而与技术效率变化趋势一致,表明 2017 年之后,工业生态效率变化的主要动力来源是技术效率变化。同一时期,技术效率波动幅度增大。虽然工业生态效率在 2016—2017 年出现短期下滑,但下降趋势很快得到遏制,并于 2018 年后回升。

2010—2019 年汉江生态经济带整体工业生态效率的变化与一系列环境规制措施有关:2005—2012 年,我国开始尝试实行绿色 GDP 政绩考核制度,将政绩与生态环境建设挂钩;党的十八大以来,环境保护领域加快推进立法工作,大大提升了违反环境保护规定的成本;2016 年,"共抓大保护,不搞大开发"重大国家战略的提出,是包括汉江生态经济带在内的长江流域转变发展方式、迈向更高端发展层次的转折点。

(二)城市层面工业生态效率动态评估

表 6.5 体现了 2010—2019 年汉江生态经济带沿线 17 市全要素生产率,与技术进步变化指数走势基本一致。汉江生态经济带沿线 17 市全要素生产率指数均在 0.8 以上,数值为 1 以上的城市有 8 个,占总样本的 47.1%,数值超过 17 市均值(0.949)的城市有 11 个,占总样本的 64.7%,表明汉江生态经济带工业生态效率整体处于良好水平,但局部来看仍有提升空间。

从汉江生态经济带陕西省区域内城市看,汉中、安康、商洛三市在研究时期内的全要素生产率指数年均值均大于 1,表明汉江生态经济带陕西省区域整体在研究期内的工业生态效率处于逐年上升态势。从全要素生产率分解项的结果看,三市在研究时期内,技术进步变化指数值均大于 1,与全要素生产率变化一致,同时,安康和商洛实现了技术进步和技术效率的双增长,即两市的技术进步变化和技术效率共同促进了城市工业生态效率的提高。通过观察纯技术效率变化指数和规模效率指数可知,三市纯技术效率变化指数均大于或等于 1,表明这些城市技术创新能力平均水平较高,汉中市技术效率变化指数小于 1,有可能是规模效率指数低导致的。因此,陕西省区域城市工业生态效率应当在技术进步的推动基础上,提高城市工业企业规模效率与技术改进之间的适配性,改善工业企业的技术效率,从而产生规模经济效应,推动区域工业生态效率的增长。

从汉江生态经济带湖北省区域内城市看,只有神农架林区、天门市和随州市三市的全要素生产率指数年均值大于 1,其他城市的全要素生产率指数年均值小于 1,表明大部分城市工业生态效率水平均出现下降,汉江生态经济带湖北省区域内城市的工业生态效率总体上有待提高。从全要素生产率的分解项可知,技术进步变化指数的年均值与全要素生产率变化一致,即只有神农架林区、天门市和随州市的技术进步变化指数年均值大于 1,其余 7 市的工业技术进步变化指数年均值小于 1,从而导致这些城市的城市工业生态效率因技术进步变化指数下降而出现下降,说明技术进步也是引起湖北省区域内城市工业生态效率变化的主要因素。湖北省区域内大部分城市的技术效率变化指数年均值指数大于 1,在一定程度上促进了对应城市的工业生态效率增长,使得技术进步变化指数下降对工业生态效率的不利影响有所缓解,但汉江生态经济带湖北省区域内大部分城市技术进步变化指数下降的趋势仍需引起足够重视。通过观察纯技术效率变化指数和规模效率指数可知,除个别城市外,汉江生态经济带湖北省区域内大部分城市的纯技术效率变化指数、规模效率指数均大于或等于1,表明这些城市的技术创新能力水平较高,工业生态治理投入已经具有一定规模并且产生了规模效益。

从河南省区域内城市看,区域内四个城市的全要素生产率指数,南阳、洛阳的年均值小于1,三门峡、驻马店的年均值大于1,说明三门峡、驻马店的工业生态效率处于逐年上升态势。对全要素生产率进行分解可知,三门峡、驻马店的技术进步变化指数年均值大于1,南阳、洛阳的技术进步变化指数年均值小于1,这一情况同四市的全要素生产率变化一致,说明技术进步是引起河南省区域内四市城市工业生态效率变化的主要因素。而在研究时期内,河南省区域内有三个城市的技术效率变化指数年均值小于1,说明技术效率对河南省城市工业生态效率的增长贡献度不大。

2010—2019年,汉江生态经济带区域内全要素生产率超过1的城市,与之较早重视水环境保护、积极融入长江经济带发展规划并采取有力措施有关。全要素生产率指数较低的城市,结合地区GDP值对比发现,工业生态效率较低的城市,其地区GDP值并非最低,工业生态效率与经济发展不匹配。

进一步分解纯技术效率和规模效率可以发现,技术效率高的城市,其纯技术效率与规模效率也较高。技术效率偏低的城市,部分是由纯技术效率偏低导致的,表明该市水环境质量管理能力偏低;部分是由规模效率偏低导致的,表明该市水环境保护投入规模有待提高。纯技术效率偏低的城市,应加强水质管理能力建设,以提升综合效率;规模效率偏低的城市,应加大环境保护投入力度,提升生活垃圾处理率以及城市废污水处理率等指标。

第五节　促进汉江生态经济带区域生态经济协调发展的对策建议

为提高工业生态效率,实现水生态环境与经济发展相协调,本章提出以下对策建议。

第一,强化水污染防治。水污染防治是指提前采取一定的措施去规避环境问题的发生,我国一系列的环境政策是强化水污染防治的核心手段之一。在水价方面,可以实行差别化水价制度、阶梯水价制度,对耗水量大的行业实行差别水价,以引导其节约使用水资源;对普通居民的用水按用水量的多少划定阶梯,用水量越大,收费的水单价越高。积极发挥环保税制度的引导作用,以免税红利激励企业减少污染物排放、完善环保设施、促进技术创新。建立完善排污权交易制度以及生态环境损害赔偿制度,排污权交易制度实质上是配置污染削减责任的一种制度,而生态环境补偿制度是让涉事企业为环境损害担责的一种制度,前者起到总量控制的作用,后者起到环境修复的作用。

第二,提高水资源利用效率。推进汉江生态经济带水资源集约利用,从水资源消耗总量控制的角度提高水质调控效率。对此,应该进一步落实水资源管理制度,进行水资源取用的事中事后监管,加强用水统计调查,纠正无序取用、超量取用的不良现象;通过水权交易制度、节水评价制度、节水激励制度等机制推动水资源利用效率的提升。

第三,加强环境规制。进一步完善相关水环境保护制度,加大水环境保护力度,提高政策强度,对环境违法行为进行严厉打击;通过一定的激励措施推动企业积极应对水环境保护政策,加大研发投入,开展绿色技术创新,促进高质量发展;城市之间应该在水环境管理工作上加强互助与协作,促进汉江流域水资源可持续管理的实现。

第四,注重绿色发展方式。党的十八大以来,绿色发展方式成为新发展理念的主要基调。在汉江生态经济带经济发展过程中,对待生态保护、产业发展、乡村发展、资源利用等,应该坚持高质量发展,践行"绿水青山就是金山银山"发展理念;企业要加大内部科研投入,促进技术进步,使低端要素驱动型工业产业向高端要素驱动型工业产业升级迭代,从而推动工业结构高级化,促进节能减排,减少工业污染排放,提高工业生态效率。

第七章 汉江生态经济带区域生态经济政策研究

第一节 研究背景

一、政策背景

根据《中国制造 2025》和《2018 年国务院政府工作报告》中关于"高质量发展"的表述,可以归纳出高质量发展的核心在于两方面:高经济效率和可持续发展,即同时实现经济增长和生态保护双重目标。汉江流经陕西、湖北两省,自古以来是连接西北与华中的重要纽带,汉江上游是南水北调中线工程的水源地,在区域发展总体格局中具有重要地位。汉江生态经济带沿线经过 17 个城市,这些城市经济发展水平和生态环境基础参差不齐,表现出区域发展的差异性和复杂性。可以说,在该区域的高质量发展进程中,区域生态和产业经济发展状况直接影响其高质量发展目标的实现。

随着经济的高速发展,资源消耗和环境污染问题日益凸显,经济发展和生态保护之间的矛盾日益尖锐,特别是有着传统工业基础同时又肩负保护汉江生态环境重任的汉江生态经济带沿线城市,这一矛盾尤为突出。战略性新兴产业以其知识技术密集、效益高、成长潜力大、污染少的突出优势,为解决经济发展和生态保护之间的矛盾提供了新的依托,制定有效的战略性新兴产业发展政策是实现经济和生态协调发展的重要途径。因此,研究战略性新兴产业差异化政策设置及其效果预测,并探索政策改进方案,对汉江生态经济带区域和产业同时实现高质量发展具有重要的理论价值和实践意义。

二、产业背景

战略性新兴产业立足中国国情和科技、产业基础,为经济社会可持续发展提供强有力的支撑。拥有良好传统制造业基础的汉江生态经济带,肩负着艰巨的发展经济和生态保护双重任务,国家大力支持战略性新兴产业发展,为汉江生态经济带完成这一任务提供了机遇,但同时应当看到,汉江生态经济带支持战略性新兴产业发展的经济政策和生态政策的实施仍存在问题,而政策效果直接决定着产业和区域高质量发展的速度。

本部分顺应汉江生态经济带生态经济建设需要,即战略性新兴产业对区域生态经济带来"正能量"为切入点,以汉江生态经济带沿线城市为主线,对区域生态和战略性新兴产业发展现状展开实地调查,在调查分析的基础上,构建系统动力学模型,对汉江生态经济带战略性新兴产业差异化政策效果进行仿真模拟,探索政策改进方案,并提出协调经济和生态政策关系,化解制造业经济发展与生态保护矛盾的政策建议。

第二节　理论基础

本节基于系统动力学方法构建汉江生态经济带战略性新兴产业生态经济系统模型,对政策运行系统模型进行有效性检验,结果用于判断模型是否能有效反映实际系统的运行情况、是否适合进行政策仿真实验,为下一步政策效果仿真做准备。

战略性新兴产业生态经济系统包括经济产出子系统、资源子系统、污染物排放子系统和政策支持子系统。

一、系统建模基础原理

根据管理学中"系统"的思想,影响经济和生态发展的因素可视为一个多种因素相互作用的综合系统。国家大力提倡生态文明建设,战略性新兴产业也得到国家政策的极大支持,其对环境的污染较以前少,但也不是完全没有,即产业经济的发展会造成环境污染问题和资源消耗问题。汉江生态经济带战略性新兴产业生态经济系统不仅关系到战略性新兴产业自身发展,而且关系到对汉江生态经济带的资源消耗和环境影响。

产业生态经济系统是将产业生态学应用于产业经济系统之中,形成了类似于自然生态系统的系统模式。战略性新兴产业生态经济系统是一个闭路循环系统,它与一般开放系统不同的是,产业生态经济系统是垂直封闭和水平耦合的。

二、产业生态经济系统构建原理

本节采用与第五章统一方法模拟汉江生态经济带生态经济政策效果,在对比中统一,在统一中对比,体现研究的整体性和多样性,实现对南水北调与汉江生态的一脉相承关系的理论支撑。本节"产业生态经济系统构建原理"与南水北调中线工程水源区产业生态经济系统构建原理内容基本一致,具体见第五章第二节第二部分。

第三节 汉江生态经济带产业生态经济系统建模及仿真模拟

一、模型运行及仿真模拟结果

本章所建立的模型是针对汉江生态经济带战略性新兴产业生态经济系统的,所以模型的空间界定为湖北省十堰市、神农架林区、襄阳市、荆门市、天门市、潜江市、仙桃市全境及随州市、孝感市、武汉市的部分地区,陕西省汉中市、安康市、商洛市等 17 个城市,模型设置的时间区间为 2011—2041 年,基本仿真步长定为 1。模型中的数据主要来源于十堰市、神农架林区、襄阳市、荆门市、天门市、潜江市、仙桃市、随州市、孝感市、武汉市、汉中市、安康市、商洛市、南阳市、洛阳市、三门峡市、驻马店市等 17 市 2011—2018 年的统计年鉴、统计公报、政府工作报告以及生态环境局、所在省生态环境厅网站等。

本章建模所需子系统流图原理与南水北调中线工程水源区子系统流图基本一致,具体见第五章第三节第一部分。其中,经济产出子系统流图略有区别,详见图 7.1。

通过 VENSIM 仿真工具得到模型中 17 市战略性新兴产业产值、17 市主要污染物排放量等变量的模拟值,其模拟结果如图 7.2 和图 7.3 所示。

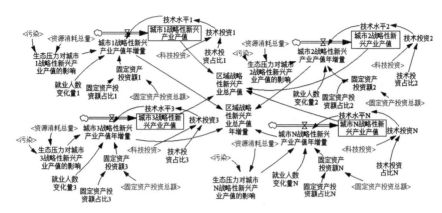

图 7.1　经济产出子系统流图

根据图 7.2,17 市战略性新兴产业产值曲线都呈现上升趋势,且在 2032年后,各市产值曲线的斜率越来越大,表明随着时间推移战略性新兴产业产值越来越高,发展越来越快,发展趋势与当前国家及各地区对战略性新兴产业的大力投资及支持相符合。

根据图 7.3,17 市主要污染物排放量,随时间推移整体呈逐年减少趋势,趋势与当前国家及各地严格控制污染物排放、加大污染物排放治理力度相符合。

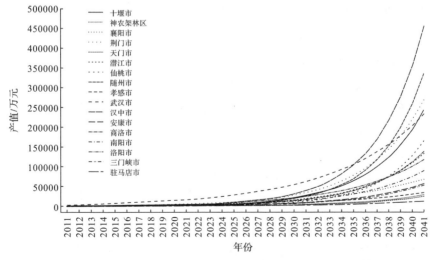

图 7.2　2011—2041 年汉江生态经济带 17 市战略性新兴产业产值模拟结果

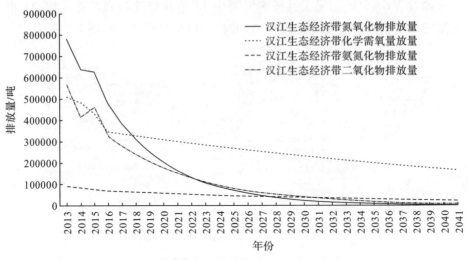

图 7.3 2013—2041 年汉江生态经济带 17 市主要污染物排放量模拟结果

二、模型历史性检验

系统动力学中一个必不可少的环节是对建立的模型进行有效性检验，建立的模型只有通过有效性检验才能保证模拟结果可以在一定程度上准确反映与预测真实情况。在系统动力学中有效性检验的四种主要方法是：直观检验、运行检验、历史性检验和灵敏度分析等。其中，历史性检验是指选取某一已发生时间段为初始点进行仿真，用得到的仿真数据结果和历史数据进行误差检验。历史性检验的特点是用已经发生的数据同仿真结果数据进行对比，更加直观，因此，采用历史性检验方法对模型的有效性进行检验。

本章历史数据来源于湖北省统计局、陕西省统计局、河南省统计局等网站。模型中的方程式符合 VENSIM 软件的智能检验，其模型中数据参数等通过正确的方法获得，模型可以正确模拟系统运行情况。本章分别对战略性新兴产业产值变量和汉江生态经济带主要污染物变量进行历史性检验。

(一)战略性新兴产业产值变量的历史性检验

对经济子系统模型中的主要变量即 17 市战略性新兴产业产值进行历史性检验，选取的时间段是 2011—2018 年，如果这 17 市的产值变量都通过有效性检验，证明模型有效。选取 17 市的战略性新兴产业产值计算真实值与仿真值之间的误差，误差＝(仿真值－真实值)/真实值。计算所得结果详见表 7.1。

表 7.1　2011—2018 年 17 市战略性新兴产业产值变量的历史性检验结果

城市	项目	2011 年	2012 年	2013 年	2014 年	2015 年	2016 年	2017 年	2018 年
十堰市	真实值	182.3	281.8	408.3	564.9	728.2	915.2	1144.6	1434.1
	仿真值	191.0	290.0	416.0	600.0	750.0	943.0	1156.0	1530.8
	误差	0.05	0.03	0.02	0.06	0.03	0.03	0.01	0.07
神农架林区	真实值	78.9	89.4	102.0	123.0	165.0	200.0	234.0	321.0
	仿真值	80.0	91.0	104.0	125.0	173.0	204.0	246.0	341.0
	误差	−0.01	0.02	0.02	0.02	0.05	0.02	0.05	0.06
襄阳市	真实值	860.6	1291.1	1737.1	1986.4	2279.2	2597.2	2958.1	3923.7
	仿真值	878.0	1344.0	1790.0	1891.0	2374.0	2762.0	3081.0	3969.4
	误差	0.01	0.04	0.03	−0.05	0.04	0.06	0.04	0.01
荆门市	真实值	268.0	486.0	604.0	964.0	1246.0	1289.0	1866.0	2148.3
	仿真值	250.0	517.0	610.0	993.0	1298.0	1386.0	2006.0	2295.6
	误差	−0.07	0.06	0.01	0.03	0.04	0.08	0.08	0.07
天门市	真实值	100.0	123.0	145.0	165.0	213.1	257.0	208.6	268.3
	仿真值	96.0	120.0	155.0	168.0	201.0	264.0	212.0	274.5
	误差	−0.04	−0.02	0.07	0.02	−0.06	0.03	0.02	0.02
潜江市	真实值	421.0	458.0	594.0	643.8	830.0	916.7	1122.2	1259.6
	仿真值	443.0	472.0	606.0	684.0	855.0	945.0	1133.0	1369.1
	误差	0.05	0.03	0.02	0.06	0.03	0.03	0.01	0.09
仙桃市	真实值	56	89	119	151	165	210	305	348.31
	仿真值	53	87	127	154	155	216	311	376.50
	误差	−0.05	−0.02	0.07	0.02	−0.06	0.03	0.02	0.08
随州市	真实值	132.8	301.5	408.0	587.0	589.0	466.0	618.0	738.3
	仿真值	139.0	310.0	420.0	625.0	607.0	480.0	624.0	804.0
	误差	0.05	0.03	0.03	0.06	0.03	0.03	0.01	0.09
孝感市	真实值	467.0	545.7	595.0	730.0	951.2	1430.0	1486.0	1743.6
	仿真值	440.0	574.0	607.0	761.0	905.0	1521.0	1516.0	1693.0
	误差	−0.06	0.05	0.02	0.04	−0.05	0.06	0.02	−0.03

续表

城市	项目	2011 年	2012 年	2013 年	2014 年	2015 年	2016 年	2017 年	2018 年
武汉市	真实值	2119.4	2953.5	4026.6	5380.0	6725.0	8446.1	9645.0	12580.0
	仿真值	2162.0	3076.0	4151.0	5123.0	7005.0	8985.0	10046.0	13013.6
	误差	0.02	0.04	0.03	−0.05	0.04	0.06	0.04	0.03
汉中市	真实值	321.0	451.6	584.3	733.2	860.2	947.3	1217.9	1370.2
	仿真值	302.0	475.0	596.0	763.0	819.0	1007.0	1242.0	1558.9
	误差	−0.06	0.05	0.02	0.04	−0.05	0.06	0.02	0.14
安康市	真实值	172.6	285.2	415.6	489.9	541.8	619.3	742.2	954.0
	仿真值	169.0	288.0	428.0	526.0	570.0	645.0	781.0	889.1
	误差	−0.02	0.01	0.03	0.07	0.05	0.04	0.05	−0.07
商洛市	真实值	161.2	277.2	382.5	495.3	601.9	704.0	869.9	1045.0
	仿真值	152.0	291.0	390.0	515.0	573.0	748.0	887.0	1074.4
	误差	−0.06	0.05	0.02	0.04	−0.05	0.06	0.02	0.03
南阳市	真实值	70.0	144.4	225.3	427.5	705.7	979.2	1173.1	1336.2
	仿真值	73.0	148.0	229.0	454.0	727.0	1009.0	1184.0	1405.4
	误差	0.04	0.02	0.02	0.06	0.03	0.03	0.01	0.05
洛阳市	真实值	749.9	1023.0	1210.0	1460.0	1795.8	2316.6	2710.4	2984.2
	仿真值	735.0	1033.0	1247.0	1569.0	1890.0	2413.0	2853.0	3205.4
	误差	−0.02	0.01	0.03	0.07	0.05	0.04	0.05	0.07
三门峡市	真实值	100.3	145.0	231.8	333.0	436.8	444.6	541.4	642.6
	仿真值	96.0	147.0	249.0	339.0	412.0	458.0	552.0	655.1
	误差	−0.04	−0.01	0.07	0.02	−0.06	0.03	0.02	0.02
驻马店市	真实值	57.0	98.0	101.0	123.0	145.0	196.0	231.0	254.3
	仿真值	53.0	103.0	103.0	128.0	138.0	208.0	235.0	272.1
	误差	−0.07	0.05	0.02	0.04	−0.05	0.06	0.02	0.07

注:表中"真实值"数据来源于湖北省统计局、陕西省统计局、河南省统计局。

　　根据表 7.1,17 市战略性新兴产业变量的真实值和仿真值的误差基本都在[−0.07,0.07],表明模型能够较好地反映实际情况,运用历史性检验证明模型通过有效性检验,模型有效。

(二)主要污染物变量的历史性检验

对汉江生态经济带主要污染物排放量进行历史性检验,选取汉江生态经济带污染物变量2013—2017年共5年数据,如果汉江生态经济带主要污染物4个变量都通过检验,证明模型有效。计算17市主要污染物排放量真实值与仿真值之间的误差,误差=(仿真值-真实值)/真实值。计算结果如表7.2所示。

表7.2　2013—2017年17市汉江生态经济带主要污染物变量的历史性检验结果

污染物	项目	2013年	2014年	2015年	2016年	2017年	2018年
氮氧化物排放量	真实值	780651.0	639876.0	625497.2	476291.0	385051.0	331973.4
	仿真值	839409.7	680719.1	672577.6	496136.4	414033.3	311289.3
	误差	0.08	0.06	0.08	0.04	0.08	-0.06
化学需氧量	真实值	509786.5	484786.1	430085.8	345373.7	335601.3	302847.2
	仿真值	536617.3	515729.9	462457.9	352422.1	349584.7	326105.46
	误差	0.05	0.06	0.08	0.02	0.04	0.08
氨氮排放量	真实值	90084.0	85123.0	78561.52.0	69315.3	66163.0	60561.0
	仿真值	85794.3	86860.2	80991.3	68629.0	70386.2	63154.1
	误差	-0.05	0.02	0.03	-0.01	0.06	0.04
二氧化硫排放量	真实值	566379.0	414403.0	461899.6	326893.0	280532.0	241678.9
	仿真值	596188.4	445594.6	439904.4	330195.0	289208.2	230746.0
	误差	0.05	0.08	-0.05	0.01	0.03	-0.05

注:表中"真实值"数据来源于湖北省生态环境厅、陕西省生态环境厅、河南省生态环境厅。

根据表7.2,17市主要污染物变量的真实值和仿真值的误差都在[-0.07,0.07],表明模型能够较好反映实际情况,运用历史性检验证明模型通过有效性检验,模型有效。

综上,运用系统动力学方法及VENSIM模拟仿真工具得到2011—2041年汉江生态经济带沿线17市战略性新兴产业产值和主要污染物排放量等变量的模拟值结果,为了证明模型有效性,本章运用历史性检验方法进行了检验,经检验,模型所选取的经济产出子系统和污染物排放子系统,其主要变量均通过了有效性检验,证明模型有效。建立的模型在VENSIM软件模拟检验过程中没有出现数据溢出或使系统崩溃等一系列其他情况,表明本部分所建立的模型具有较好的稳定性,同时可以比较准确地反映现实情况,可以进行经济政策变量与生态政策变量仿真实验。

第四节 汉江生态经济带区域生态经济政策效果建模分析

一、生态经济政策效果及改进仿真实验设计

根据表4.1,关于产业经济和产业生态的政策很多,为便于量化研究,需要提取关键政策变量。技术因素、资本因素和劳动力因素在柯布-道格拉斯生产函数中被认为是影响经济产出的关键因素。但是由于影响战略性新兴产业发展的最重要的两个因素是科技水平和对产业的投资力度,因此,本部分选取的战略性新兴产业的关键经济政策变量是科技投资政策和产业投资政策,关键生态政策变量是污染物总量控制政策和环保投资政策详见表7.3。科技投资比例系数、固定资产投资占比越大,表示政府、企业对战略性新兴产业发展的投资越多;排污上限政策因子越小,表示政府对战略性新兴企业排污的限制力度越大,环保投资比例系数越大,表示政府对战略性新兴企业环保投资越大。

表 7.3 关键政策变量

政策类型	关键政策	模型变量
战略性新兴产业经济政策	产业投资政策	固定资产投资占比
	科技投资政策	科技投资比例系数
战略性新兴产业生态政策	污染物总量控制政策	排污上限政策因子
	环保投资政策	环保投资比例系数

根据前文分析可知,战略性新兴产业经济政策变量和生态政策变量之间可能存在同向或反向的关系。战略性新兴产业经济政策变量与生态政策变量之间如果存在同向关系,意味着某个战略性新兴产业经济政策变量值

或生态政策变量值的增大不仅有利于战略性新兴产业的经济发展,而且对生态保护有促进作用;与此相反,当战略性新兴产业经济政策变量与生态政策变量两者关系是反向时,战略性新兴产业经济发展与生态环境保护则出现矛盾,即某一战略性新兴产业经济政策值的增加将促进战略性新兴产业的经济发展,但这并不利于生态环境保护,或者某一战略性新兴产业生态政策值的增加将有利于生态环境,但会阻碍战略性新兴产业经济发展。

为了探讨战略性新兴产业经济政策变量与生态政策变量之间的关系,本章设置了一个对照组和两个实验组,进行仿真实验。对照组,设置经济政策和生态政策变量初始值,对战略性新兴产业产值和汉江生态经济带污染物排放量对照值进行模拟。实验组一,战略性新兴产业经济政策变量值固定不变,对生态政策变量的值进行相应的调整,包含三个实验:实验一是初始政策,令全部生态政策变量同时变化,观察战略性新兴产业经济变量的变化趋势;实验二和实验三是政策改进,设置某一生态政策变量不变,观察变化的生态政策变量引起战略性新兴产业经济变量变化的趋势。实验组二,对战略性新兴产业生态政策变量值设置固定不变,对经济政策变量的值进行相应的调整,包含三个实验,实验四是初始政策,设置全部经济政策变量同时变化,观察汉江生态经济带生态变量的变化趋势,实验五和实验六是政策改进,设置某一经济政策变量不变,观察变化的经济政策变量引起汉江生态经济带生态变量变化的趋势。

表 7.4 显示了具体实验操作。实验组一中,实验一增大排污限制力度(调减排污上限政策因子),同时增大环保投资比例系数的值,即保持战略性新兴产业经济政策变量值不变,加大战略性新兴产业生态政策实施力度;实验二是政策改进实验,在保持战略性新兴产业经济政策变量值不变的前提下,排污限制力度与对照组相同,增大环保投资比例系数的值,即仅考查环保投资比例这一个生态政策变量变化对战略性新兴产业经济变量的影响;实验三也是政策改进实验,在保持战略性新兴产业经济政策变量值不变的前提下,环保投资比例系数与对照组相同,增大排污限制力度(调减排污上限政策因子),即仅考查排污限制力度这一个生态政策变量变化对战略性新兴产业经济变量的影响。实验组二中,实验四同时增大科技投资比例系数和固定资产投资占比的值,即保持战略性新兴产业生态政策变量的值不变,加大战略性新兴产业经济政策实施力度;实验五是政策改进实验,在保持战

略性新兴产业生态政策变量值不变的前提下,固定资产投资占比与对照组相同,增大科技投资比例的值,即仅考查科技投资比例这一经济政策变量变化对汉江生态经济带生态变量的影响;实验六也是政策改进实验,在保持战略性新兴产业生态政策变量值不变的前提下,科技投资比例与对照组相同,增大固定资产投资占比,即仅考查固定资产投资占比这一个经济政策变量变化对汉江生态经济带生态变量的影响。

表 7.4　政策实验

政策变量	对照组	实验组一(生态政策)			实验组二(经济政策)		
		实验一(初始政策)	实验二(政策改进)	实验三(政策改进)	实验四(初始政策)	实验五(政策改进)	实验六(政策改进)
科技投资比例系数	0.03	0.03	0.03	0.03	0.03	0.03	0.03
固定资产投资占比	0.09	0.09	0.09	0.09	0.1	0.09	0.1
排污上限政策因子	1.00	0.99	1.00	0.99	1.00	1.00	1.00
环保投资比例系数	0.01	0.01	0.01	0.01	0.01	0.01	0.01

二、生态经济政策效果及改进仿真模拟

限于篇幅,本部分未将汉江生态经济带 17 市战略性新兴产业产值及污染物排放共 85 个变量实验图一一展示,而是把实验区域设定为整个汉江生态经济带,即把 17 市的初始数据相加作为汉江生态经济带总体的初始数据,结果仅报告汉江生态经济带总体战略性新兴产业产值和四类污染物排放量实验图。根据表 7.4 的实验设计,运行 VENSIM 软件,实验组一仿真模拟结果如图 7.4 所示,实验组二仿真模拟结果如图 7.5—图 7.8 所示。

根据图 7.4,实验组一保持战略性新兴产业经济政策变量值不变,增大战略性新兴产业生态政策力度,选取战略性新兴产业产值作为观察变量。结果显示战略性新兴产业产值随战略性新兴产业生态政策力度增大而减少,即实验一中,战略性新兴产业经济政策变量和生态政策变量之间是反向关系。

其经济含义是：在维持汉江生态经济带战略性新兴产业经济政策不变的前提下，增加战略性新兴产业生态政策力度，使排污上限政策因子减小、环保投资比例系数值增加，即加大对战略性新兴企业排污的限制力度的同时，增加对战略性新兴企业环保投资的举措，会阻碍战略性新兴产业经济的发展，导致产业经济发展与生态环境保护间出现矛盾。

（一）实验组一（生态政策）结果分析：初始政策及政策改进

实验二和实验三是政策改进。实验二排污限制力度与对照组相同，增大环保投资比例系数的值；实验三环保投资比例系数与对照组相同，增大排污限制力度（调减排污上限政策因子）。观察政策改进的结果（见图7.4），随着战略性新兴产业环保投资比例这一生态政策力度的增大，战略性新兴产业产值略有增加，即实验二战略性新兴产业经济政策变量和生态政策变量之间是正向关系；随着战略性新兴产业排污限制这一生态政策力度的加大，战略性新兴产业产值大幅降低，即实验三战略性新兴产业经济政策变量和生态政策变量之间是反向关系。上述政策改进的经济含义是：在维持汉江生态经济带战略性新兴产业经济政策不变的前提下，有选择地加大战略性新兴产业生态政策力度，即增加对战略性新兴企业环保投资，而适度加大战略性新兴企业排污的限制力度或保持不变，有利于战略性新兴产业经济的发展、缓解产业经济发展与生态环境保护间的矛盾。

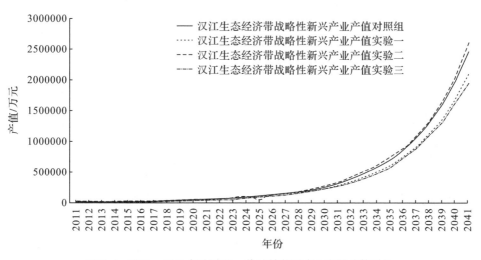

图7.4　2011—2041年实验组一战略性新兴产业产值趋势对比

(二)实验组二(经济政策)结果分析:初始政策及政策改进

实验组二保持战略性新兴产业生态政策变量的值不变,增加战略性新兴产业经济政策力度,选取四种主要污染物排放量作为观察变量,其结果如图 7.5—图 7.8 所示。四幅图中实验四中四种主要污染物排放量高于对照组,即主要污染物排放量会随着战略性新兴产业经济政策变量值的增大而增大,对生态环境不利,即战略性新兴产业经济政策变量和生态政策变量之间是反向关系。其经济含义是:在维持汉江生态经济带战略性新兴产业生态政策不变前提下,加大战略性新兴产业经济政策力度,即同时增加科技投资和固定资产投资,并不利于生态环境保护,导致产业经济发展与生态环境保护间出现矛盾。

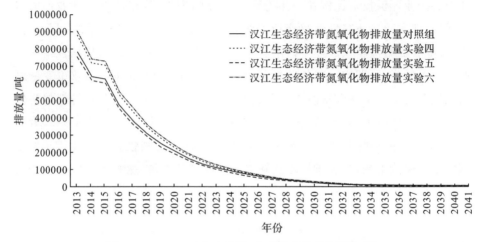

图 7.5 2013—2041 年实验组二氮氧化物排放量趋势对比

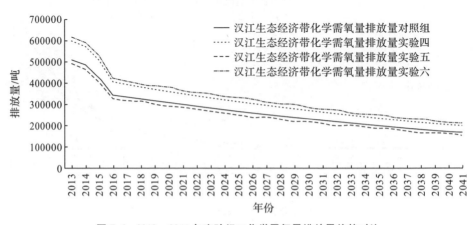

图 7.6 2013—2041 年实验组二化学需氧量排放量趋势对比

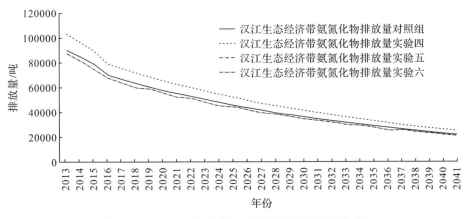

图 7.7　2013—2041 年实验组二氨氮化物排放量趋势对比

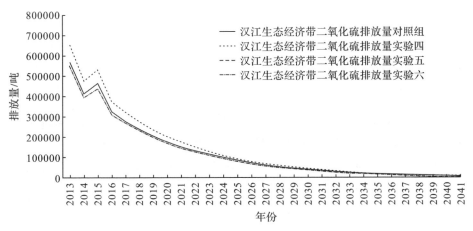

图 7.8　2013—2041 年实验组二二氧化硫排放量趋势对比

　　实验五和实验六是政策改进,实验五的固定资产投资占比与对照组相同,增大科技投资比例系数的值,实验六的科技投资比例系数与对照组相同,增加固定资产投资占比。观察政策改进的结果(见图 7.5—图 7.8)可知,随着战略性新兴产业科技投资比例这一经济政策力度的增大,四种主要污染物排放量减少,对生态有利,即实验五战略性新兴产业经济政策变量和生态政策变量之间是正向关系;随着战略性新兴产业固定资产投资占比这一经济政策力度增大,四种主要污染物的排放量大幅上升,对生态不利,即实验六战略性新兴产业经济政策变量和生态政策变量之间是反向关系。上述改进政策的经济含义是:在维持汉江生态经济带战略性新兴产业生态政策不变的前提下,有选择地加大战略性新兴产业经济政策力度,即增加战略性新兴企业的科技投资,适度增加对战略性新兴企业的固定资产投资或保持不变,有利于保护汉江生态经济带生态,缓解产业经济发展与生态环境保护之间的矛盾。

综上所述,通过战略性新兴产业经济政策变量与生态政策变量仿真实验可知,目前,汉江生态经济带战略性新兴产业经济政策的实施效果随生态政策变量的调增而减小,战略性新兴产业生态政策的实施效果随经济政策变量的调增而减小,即这两组政策变量之间一组政策变量的增加将削弱另一组政策的实施效果,说明当前汉江生态经济带战略性新兴产业经济政策和生态政策变量是逆向作用关系,存在一定矛盾,但是,对政策进行改进,有选择地加大政策力度,有助于缓解产业经济发展与生态环境保护间的矛盾。

第五节　汉江生态经济带区域生态经济政策优化建议

基于系统动力学方法,构建汉江生态经济带战略性新兴产业生态经济系统模型,运用 VENSIM 软件进行模拟仿真,通过历史性检验,验证模型有效,说明仿真结果具有可靠性。前文在此基础上对汉江生态经济带战略性新兴产业差异化政策效果进行了仿真模拟,分析了产业经济政策与生态政策的关系,指出了当前汉江生态经济带战略性新兴产业政策实施存在的矛盾,进一步探讨了政策改进方案,并对仿真结果进行了对比分析。通过研究得到以下结论:①汉江生态经济带战略性新兴产业产值整体上呈现逐年上升趋势,且随着时间的推移,发展速度越来越快。与此同时,主要污染物的排放量整体呈现逐年减少趋势,即汉江生态经济带战略性新兴产业与生态经济总体呈现良好发展状态。②汉江生态经济带战略性新兴产业经济政策的实施效果随生态政策变量的调增而减小,战略性新兴产业生态政策的实施效果随经济政策变量的调增而减小,即这两组政策变量之间一组政策变量值的增加将削弱另一组政策的实施效果,意味着这两组政策变量之间呈负相关,说明目前汉江生态经济带战略性新兴产业经济政策和生态政策实施确实存在矛盾。③对政策进行改进,有选择地加大政策力度,有助于缓解产业经济发展与生态环境保护间的矛盾。具体来说,在维持汉江生态经济带战略性新兴产业经济政策不变的前提下,有选择地加大战略性新兴产业生态政策力度,即增加对战略性新兴企业的环保投资,适度加大战略性新兴企业排污的限制力度或保持不变,有利于战略性新兴产业经济的发展,缓解产业经济发展与生态环境保护间的矛盾;在维持汉江生态经济带战略性新兴产业生态政策不变的前提下,有选择地加大战略性新兴产业经济政策力度,即增加战略性新兴企业科技投资,适度增加战略性新兴企业固定资产投资或保持不变,有利于汉江生态经济带的生态保护,缓解产业经济发展与生态环境保护间的矛盾。

根据研究结论,基于政策效果仿真模拟结论,考虑到兼顾政策独立实施与政策间相互作用,从经济政策、生态政策以及政策协调三个方面提出如下政策优化建议。

一、经济政策方面

(一)加强财政引导和税收优惠力度,扶持汉江生态经济带战略性新兴产业发展

研究结果显示,战略性新兴产业具有强大的增长能力,随着时间的推移,汉江生态经济带战略性新兴产业产值越来越高,发展越来越快,因此,扶持汉江生态经济带战略性新兴产业发展对提升区域乃至国民经济增长速度十分有利。由于战略性新兴产业发展研发费用高、资金回笼慢、社会效益大,政府应加强财政引导和税收优惠力度,扶持汉江生态经济带战略性新兴产业发展。首先,增加对汉江生态经济带战略性新兴产业骨干企业的财政补贴和税收优惠;其次,增设产业共性技术引导资金,支持汉江生态经济带战略性新兴产业共性技术研发、应用推广、示范试点、宣传培训等;最后,鼓励支持汉江生态经济带战略性新兴产业发展绿色技术,加大企业自主创新、节能减排的税收优惠力度。

(二)加大对汉江生态经济带战略性新兴产业的科技投资力度

战略性新兴产业科技投资增长率保持较高水平,有利于战略性新兴产业高端化发展。首先,应增加财政性科技投资力度,同时鼓励社会资本进入科技创新领域,努力形成政府引导与市场机制相结合的创新投入机制;其次,围绕汉江生态经济产业高端化发展,健全区域科技计划管理体系,优化科技投入结构,重点支持重大技术突破、科技成果转化、科技平台建设、战略性新兴产业培育等;最后,增加对重大科技支撑与自主创新专项引导资金、重大科技成果转化专项资金、中小企业技术创新资金投入,用财政拉力提升高技术企业创新动力。此外,在国家和地方政府通过一系列政策鼓励区域战略性新兴产业发展的同时,汉江

生态经济带区域内企业也要加强对自身的科技投入,如增加技术研发费用投入、加快产业科技创新成果转化等。

(三)适度提高战略性新兴产业固定资产投资比例

产业经济发展是以持续的资本投入为基础的,汉江生态经济带各市加大对战略性新兴产业的投资规模,有利于战略性新兴产业实现规模经济。固定资产投资主要用于基本建设、扩大规模、更新改造等,是产业扩大再生产的主要手段,固定资产与流动资产投资的比例即投资结构将直接影响产业结构。实验结果表明,虽然提高固定资产投资比例能够促进战略性新兴产业产值增加,但随着固定资产投资占比这一经济政策力度增大,四种主要污染物排放量大幅上升,对生态不利,因此,提高固定资产投资占比的经济政策在具体实施时应当充分考虑对生态的影响。关于这一点,将在"政策协调方面"提出具体建议。

二、生态政策方面

(一)将生态保护作为汉江生态经济带战略性新兴产业发展基本前提,强化生态保护意识

制定汉江生态经济带战略性新兴产业发展规划,必须以生态保护为基本前提。战略性新兴产业发展的生态保护主要涉及可持续节能与污染防治两方面,是一个周期长、投入巨大的工程,需要运用市场化手段推动产业可持续节能建设,同时应加强立法,强化企业生态保护意识,引导企业行为。首先,充分发挥市场机制的作用,推动区域战略性新兴产业可持续节能建设。设计节能降耗设备、开发回收再利用和清洁生产技术,使区域战略性新兴产业生产力得到提升、资源得到有效利用以及环境不受破坏;其次,加强立法和完善规章制度,制定明确的管理制度规范企业的行为,引导企业以生态保护为前提配置资源和采用技术,确保采用绿色技术促进生产环节改进的企业能创造经济、社会双重效益;而生产违背生态保护原则的企业,将面临法律的惩罚;最后,制定资源使用效率与生态环境评价指标。评价指标体系的设计应经过充分调研与论证,科学合理反映企业生产过程的资源使用效率与对生态环境的影响,为奖惩政策的实施提供有效支撑。

(二)增加对战略性新兴产业的环保投资

增加对战略性新兴产业的环保投资,主要从生态技术开发、拓宽环保投资路径以及强化末端治理三方面着手。首先,制定生态技术开发奖励政策。实践证

明,生态保护的核心在于先进技术的支撑。重视生态技术的开发与应用,对环保技术的开发给予一定的奖励,鼓励科技人才投身到环保技术的开发中去,鼓励企业采用高新技术;其次,拓宽环保投资路径。除加大节能技术财政补贴力度外,努力拓宽环保投融资渠道,利用税收、污染收费、罚款等政策手段,引导社会资金等流向环保领域,从投资主体与路径方面提高环保投资的力度;最后,强化末端治理,增加污染物处理投资。实验结果表明,工业污染物排放量直接影响政策效果,一项政策的实施,如果使得污染物排放量增加,即使这项政策对增加产值有效,仍会被否定。因此,应当强化末端治理,增加污染物处理投资,用于开发并实施有效的治理技术。

(三)适度加大战略性新兴产业内企业排污的限制力度

战略性新兴产业的污染物排放量虽然相对于其他产业比较少,但也需要对企业排污进行限制,控制污染物排放量。应当制定明确的污染物排放标准,健全完善环境监测、统计和考核机制以及风险预警机制,完善排污费征收和排污费利用体制,健全排污权交易机制。实验结果表明,虽然加大排污限制力度能够降低污染物排放量,但随着排污限制力度这一生态政策力度增大,战略性新兴产业产值将大幅降低,因此,加大排污限制力度的生态政策在具体实施时应当充分考虑对经济的影响,适度加大。关于这一点,将在"政策协调方面"提出具体建议。

三、政策协调方面

经济和生态政策的独立实施,均能有效促进单一政策目标的实现,但却不一定符合区域和产业发展的总体目标,要提高政策有效性,必须考虑政策间的相互作用,进行政策协调。实验结果中,发生逆向作用的政策措施有两项:一是加大排污限制力度的生态政策,对产业经济产生负向影响;二是提高固定资产投资占比的经济政策,对区域生态产生负向影响。因此,这两项政策在具体实施时,应当谨慎使用,并制定有效策略降低负向影响。

考虑到与经济政策的协调,应谨慎加大对战略性新兴产业内企业排污的限制力度,通过努力调动各个参与主体治污减排的积极性控制污染排放。汉江生态经济带沿线各市应对排污限制力度进行实时测评与调整,建立治污减排的激励机制,设置总量减排、河流水质改善、城区空气质量改善等奖项,奖励政府、企业和个人在治污减排方面的努力,充分调动各个参与主体治污减排积极性。设立区域环保专项资金,并明确环保专项资金的安排使用优先与治污减排挂钩,重点支持减排量大、减排效益好的减排项目,充分调动企业治污减排的积极性。

　　考虑到与生态政策的协调,应谨慎提高战略性新兴产业固定资产投资占比,注重优化固定资产投资结构,提升固定资产投资效率。汉江生态经济带沿线各市应根据当地战略性新兴产业发展水平和规划,合理配置固定资产投资资金在不同类型产业的投资比例,进一步优化固定资产投资结构,力求引导形成理想的产业结构,最终实现固定资产投资效率提高的目标。设立战略性新兴产业发展固定资产投资专项基金,着重支持战略性新兴产业的科技创新成果转化、关键核心技术研发等。

参 考 文 献

[1] 白书源.民航企业竞争力系统动力学模型应用研究[D].大连:大连海事大学,2018.

[2] 北京市水务局.北京市水资源公报[Z].2014—2018.

[3] 卞晓红,张绍良,张韦唯,等.区域能源利用的碳足迹及其对生态经济影响分析[J].环境保护与循环经济,2011(1):42-46.

[4] 蔡臣,李晓,赵颖文,等.新常态下四川省农业现代化建设与农村生态环境保护协同发展研究[J].农业经济与管理,2015(3):58-65.

[5] 柴箐.中国城市网络的中心性研究:基于汽车零部件流通网络的分析[D].北京:首都师范大学,2013.

[6] 常国瑞,张中旺.南水北调中线工程核心水源区生态环境与经济协调发展探析[J].湖北文理学院学报,2015(11):63-68.

[7] 陈飞.安徽省林业生态经济政策效果评价研究[D].合肥:安徽农业大学,2016.

[8] 陈婷.基于三阶段DEA模型的物流企业效率评价[D].大连:大连海事大学,2020.

[9] 陈鑫.江苏省产业生态经济系统的动力学建模与仿真研究[D]南京:东南大学,2015(4).

[10] 陈艳艳,张瑞龙.上市公司经营绩效的熵权法综合评价模型及Excel实现[J].中国科技信息,2007(23):192-1923.

[11] 陈瑜,谢富纪,于晓宇,等.战略性新兴产业生态位演化的影响因素及路径选择[J].系统管理学报,2018(3):414-421.

[12] 程一曼.基于WASP7的渭河陕西段水质模拟分析研究[D].西安:西北大学,2008.

[13] 程中华,刘军,李廉水.产业结构调整与技术进步对雾霾减排的影响效应研究[J].中国软科学,2019(1):146-154.

[14] 初钊鹏,卞晨,刘昌新,等.雾霾污染、规制治理与公众参与的演化仿真研究[J].中国人口·资源与环境,2019(7):101-111.

[15] 崔玮,苗建军,杨晶.考虑碳排放的城市非农用地生态效率的实证研究[J].系统工程,2012(12):10-18.

[16] 戴先谱,吴辉,黄桂平.荆门市固体废物管理现状与对策研究[J].中国环保产业,2020(10):38-42.

[17] 邓丽,李政霖,华坚.基于系统动力学的重大水利工程项目社会经济生态交织影响研究[J].水利经济,2017(4)16-23.

[18] 董玮,田淑英,刘浩.林业生态经济发展多维度公共政策选择与测度[J].中国人口·资源与环境,2017,27(11):149-158

[19] 董智玮.基于系统动力学的同城配送与城市发展协同研究[D].锦州:渤海大学,2018.

[20] 杜麦.汉江流域(陕西段)污染物总量控制研究[D].西安:西安理工大学,2017.

[21] 高启胜.基于超效率DEA-Tobit模型的卫生资源配置效率评价[J].中国医院统计,2016(2):85-87,91.

[22] 管光明,陈士金,饶光辉.汉江流域规划[J].湖北水力发电,2006(3):9-12,93.

[23] 汉中市水利局.汉中市水资源公报[Z].2018.

[24] 何宜庆.鄱阳湖地区经济发展对生态环境与生态效率影响的SD仿真研究[A].中国管理现代化研究会、复旦管理学奖励基金会.第九届(2014)中国管理学年会——城市与区域管理分会场论文集[C].中国管理现代化研究会、复旦管理学奖励基金会:中国管理现代化研究会.2014.

[25] 河北省水利厅.河北省水资源公报[Z].2014—2018.

[26] 河南省水利厅.河南省水资源公报[Z].2014—2018.

[27] 胡仪元,唐萍萍.南水北调中线工程汉江水源地水生态文明建设绩效评价研究[J].生态经济,2017(2):176-179

[28] 湖北省水利厅.湖北省水资源公报[Z].2014—2018.

[29] 黄姝瑛,余淑秀,王诗文,等.南水北调水源地环境保护与高端制造业培育协同发展研究[J].黑龙江生态工程职业学院学报,2017(3):5-7,70.

[30] 姜文博,柴华奇,冯泰文,等.区域生态经济治理优化决策效率评价研究[J].科研管理,2018(10)40-49

[31] 蒋秀秀.江苏省传统制造业升级的系统动力学仿真研究[D].南京:东南大学,2017.

[32] 靳瑞霞,赵玲,郭永发.基于系统动力学的格尔木市生态经济损失评价[J].青海大学学报(自然科学版),2015(3):83-89

[33] 荆门市水利和湖泊局.荆门市水资源公报[Z].2018.

[34] 柯文岚,沙景华,闫晶晶.基于系统动力学的鄂尔多斯市生态经济系统均衡发展研究[J].资源与产业,2013(5):19-26.

[35] 来风兵,陈蜀江.艾比湖流域社会经济与自然生态系统动力学仿真研究[J].新疆师范大学学报(自然科学版),2015(2)1-7.

[36] 雷新华,黄秀英,饶红.湖北省汉江流域水利现代化规划[A].中国水利水电勘测设计协会.水利水电工程勘测设计新技术应用[C].中国水利水电勘测设计协会,2018.

[37] 李国君,湖北省汉江生态经济带协调发展研究[D].武汉:华中师范大学,2017.

[38] 李惠梅.我国经济增长和城市化对生态足迹影响的计量分析[A].中国可持续发展研究会.2011中国可持续发展论坛2011年专刊(一)[C].中国可持续发展研究会:中国可持续发展研究会,2011.

[39] 李雪松,李婷婷.南水北调中线工程水源地市场化生态补偿机制研究[J].长江流域资源与环境,2014(S1)66-72.

[40] 李亚.基于改进引力模型的汉江生态经济带协同发展研究[D].武汉:湖北省社会科学院,2016.

[41] 李燕飞.基于系统动力学模型的城市生鲜蔬菜配送系统优化研究[D].长沙:中南林业科技大学,2018.

[42] 李懿程,余淑秀,万欣,等.基于系统动力学的生态与科技政策效果研究:以十堰市县域经济为例[J].科技风,2021(16):129-130.

[43] 李子美,张爱儒.三江源生态功能区产业生态化模式系统动力学分析[J].统计与决策,2018(9):121-123.

[44] 刘蒙,李战国,李靖宇,等.基于DEA与灰色关联模型的河南省物流效率评价研究[J].河南科学,2019(11):1872-1878.

[45] 禄雪焕,白婷婷.绿色技术创新如何有效降低雾霾污染?[J].中国软科

学,2020(6):174-182,191.

[46] 洛叙六.南水北调中线工程概况[J].人民长江,1993(10):1-8.

[47] 洛阳市水利局.洛阳市水资源公报[Z].2018.

[48] 马彩虹.南水北调中线水源地生态与经济系统动态分析:以汉中市为例[J].生态经济,2011(12):33-36.

[49] 南水北调办.南水北调中线干线主体工程全部开工[EB/OL].(2011-04-26).http://www.gov.cn/govweb/gzdt/2011-04/26/content_1852689.htm.

[50] 南阳市水利局.南阳市水资源公报[Z].2018.

[51] 潜江市水利和湖泊局.潜江市水资源公报[Z].2018.

[52] 曲凌夫.汽车与环境污染[J].生态经济,2010(7):146-149.

[53] 三门峡市水利局.三门峡市水资源公报[Z].2018.

[54] 商洛市水利局.商洛市水资源公报[Z].2018.

[55] 邵帅,李欣,曹建华,等.中国雾霾污染治理的经济政策选择:基于空间溢出效应的视角[J].经济研究,2016(9):73-88.

[56] 十堰市水利和湖泊局.十堰市水资源公报[Z].2008—2018.

[57] 十堰市统计局,国家统计局十堰调查队,湖北省统计局十堰调查监测分局.十堰统计年鉴[Z].2006-2015.

[58] 宋芊慧,余淑秀,李懿程,等.基于因子分析法的水源区制造业经济发展评价及对策研究——南水北调中线工程水源区调查[J].科技风,2020(5):123-125.

[59] 苏翰诗,吕盈盈,汪峰,等.我国工业源水污染防治环境经济政策进展研究[J].环境保护,2021(7):25-30.

[60] 随州市人民政府门户网站.随州市水资源公报[Z].2018.

[61] 唐萍萍,张欣乐,胡仪元.水源地生态补偿绩效评价指标体系构建与应用:基于南水北调中线工程汉江水源地的实证分析[J].生态经济,2018(2):4.

[62] 唐铁球.中国高端装备制造产业分布特征与发展趋势[J].求索,2015(12):10-14.

[63] 天津市水务局.天津市水资源公报[Z].2014—2018.

[64] 天门市水利和湖泊局.天门市水资源公报[Z].2018.

[65] 田美玲,方世明.汉江流域中心城市竞争力的评价及时空演变[J].统计与决策,2016(9):103-106.

[66] 佟贺丰,杨岩.中国城镇化的生态足迹影响:基于系统动力学模型的模拟

仿真分析[J].情报工程,2017(6):22-33.

[67] 佟贺丰,杨阳,王静宜,等.中国绿色经济发展展望:基于系统动力学模型的情景分析[J].中国软科学,2015(6):20-34.

[68] 王冬年,周悦.基于三阶段 DEA 模型的环保投资效率研究:以石家庄市为例[J].统计与管理,2021(4):16-20.

[69] 王建功.工业生态经济实现的逻辑与影响因素[J].生产力研究,2008(24):111-113.

[70] 王乾.从经济学角度分析南水北调中线工程水源涵养地生态补偿:以陕南汉江发源地为例[J].金融经济,2015(24):28-30.

[71] 王倩.陕西汉江流域生态环境与经济耦合发展研究[D].西安:西安理工大学,2018.

[72] 王越华.高等学校中期财政规划系统动力学模型的构建[J].绿色财会,2018(4):6-11.

[73] 王争争.产业生态经济系统政策体系优化的系统动力学分析[D].南京:东南大学,2017.

[74] 王志平,余慧婷,卢水平.我国战略性新兴产业发展中技术创新特点及规律[J].改革与战略,2018(2):41-43.

[75] 魏巍贤,马喜立.能源结构调整与雾霾治理的最优政策选择[J].中国人口·资源与环境,2015,25(7):6-14.

[76] 吴高华,李倩.基于超效率 DEA-Tobit 的城市轨道交通设备综合效能评价方法[J].交通运输研究,2020(6):83-89,99.

[77] 吴萌.武汉市土地利用碳排放分析与系统动力学仿真[D].武汉:华中农业大学,2017.

[78] 武汉市水务局.武汉市水资源公报[Z].2018.

[79] 仙桃市水利和湖泊局.仙桃市水资源公报[Z].2018.

[80] 襄阳市水利和湖泊局.襄阳市水资源公报[Z].2018.

[81] 孝感市水利和湖泊局.孝感市水资源公报[Z].2018.

[82] 新华网.南水北调中线:水质安全是"世纪工程"的调水底线[EB/OL].(2014-12-25).https://cjjg.mee.gov.cn/xwdt/mtzs/201907/t20190702718430.html.

[83] 邢海虹.南水北调中线工程陕南地区生态经济化研究[J].生态经济(学术版),2012(2):63-72.

[84] 熊宇航.经济欠发达地区生态环境与生态经济协同发展研究:以安康市为例[J].河北农机,2021(1):167-168.

[85] 徐燕,王瑞鹏,任步攀.南水北调中线工程渠首水源地及干渠沿线生态走廊构建[J].信阳师范学院学报(自然科学版),2014(2):235-238.

[86] 严金强,马艳.基于经济和生态双维度的新能源政策量化评价:以我国新能源补贴和能源企业为例[J].政治经济学报,2017(3):23-36.

[87] 杨世琦,杨正礼,高旺盛.不同协调函数对生态—经济—社会复合系统协调度影响分析:以湖南省益阳市资阳区为例[J].中国生态农业学报.2007(2):151-154.

[88] 杨玉文.区域经济发展的环境协同效应研究:以辽宁省为例[J].经济问题探索,2014(12):106-109.

[89] 尹炜.南水北调中线工程水源地生态环境保护研究[J].人民长江,2014(15):18-21.

[90] 尹肖妮,王国红,包荣成.高端装备制造业集聚与区域人才的耦合:以浙江省为例[J].中国科技论坛,2015(5):116-121.

[91] 于法稳,方兰.黄河流域生态保护和高质量发展的若干问题[J].中国软科学,2020(6):85-95.

[92] 余淑秀,陈婷,李懿程,等.基于PSR模型的产业结构与生态环境关系评价:以南水北调中线工程水源区十堰市为例[J].科技风,2020(6):152-153,159.

[93] 余淑秀,等.南水北调中线工程通水后水源区环境保护与制造业发展不协调的隐患及对策研究[R].2016.

[94] 余淑秀,柯兵.中国汽车行业产能利用状况综合评价指标体系构建[J].科技资讯,2016(8):67-69.

[95] 余淑秀,卢山冰,邹玲丽.区域战略性新兴产业发展的经济与生态政策模拟及改进:以汉江生态经济带沿线17市为实证检验[J].中国科技论坛,2020(6):123-133.

[96] 余淑秀,卢山冰.FDI、R&D对中国汽车制造业技术创新能力的影响:加入滞后效应的考量[J].科研管理,2018(11):1-6.

[97] 余淑秀,卢山冰.中国汽车产业关联和产业波及效果分析[J].统计与决策,2017(9):88-92.

[98] 余淑秀,詹潇,万欣,等.基于生态保护的新能源汽车产业培育现状及发

展对策:以南水北调中线工程水源区十堰市为例[J].科技风,2020(5).

[99] 余淑秀.中国制造业产能过剩属性问题研究[D].西安:西北大学,2020.

[100] 余淑秀.影响我国制造业产能过剩发生率的行业特征:基于竞争强度、投资比重和创新投入研究[J].商业经济研究,2017(7):183-185.

[101] 余淑秀.制造业转型升级之路怎么走[J].人民论坛,2017(10):84-85.

[102] 张乐群,吴敏,万育生.南水北调中线水源地丹江口水库水质安全保障对策研究[J].中国水利,2018(1):44-47.

[103] 张世丰.以新发展理念为引领 推进水资源集约安全利用[N].人民长江报,2021-04-03(5).

[104] 张万锋.南水北调中线工程水源地区域经济转型发展研究[J].经济研究导刊,2018(11):34-35.

[105] 章玉贵.高端制造业:中国崛起的必经之路[J].广东经济,2014(9):28-29.

[106] 赵桂梅.区域经济发展对生态环境质量的动态影响实证研究[J].生态经济.2014(3):100-102.

[107] 赵雨萌.汉江生态经济带绿色发展水平测度及提升研究[D].西安:西安建筑科技大学,2021.

[108] 郑剑.浅析我国工业生态经济实现的困境与影响因素[J].现代商业.2009(18):199.

[109] 中共湖北省丹江口市委.南水北调中线工程核心水源区生态补偿机制对策[J].宏观经济管理,2015(1):79-81.

[110] 周晨,丁晓辉,李国平,等.南水北调中线工程水源区生态补偿标准研究:以生态系统服务价值为视角[J].资源科学,2015(4):792-804.

[111] 周春.基于系统动力学的农业生态经济实证分析:以"渔猪沼果"生态循环模式为例[J].山东农业大学学报(社会科学版),2016(3):98-103.

[112] 朱九龙.基于PSR模型的南水北调中线工程水源区土地生态安全评价:以南阳市为例[J].工业安全与环保,2015(12):73-75.

[113] 朱九龙.基于联合生态工业园的南水北调中线工程水源区横向生态补偿模式[J].水电能源科学,2016(4):127-130.

[114] 朱九龙.南水北调中线工程水源区生态补偿优先系数研究[J].水电能源科学,2017(7):113-116.

[115] 朱亚琴.基于改进Malmquist DEA模型的中国工业效率评价研究[D].南京:南京邮电大学,2020.

[116] 驻马店市水利局.驻马店市水资源公报[Z].2018.

[117] Chen Y, Jin G Z, Kumar N et al. The promise of Beijing：evaluating the impact of the 2008 Olympic Games on air quality[J]. Journal of Environmental Economics and Management，2013(3)：424-443.

[118] Dash M, Bose A, Shome S et al. Measuring the efficiency of marketing efforts in the Indian pharmaceutical industry using data envelopment analysis[J]. International Journal of Business Analytics and Intelligence,2015(1)：1-6.

[119] Ebrahimi B, Hajizadeh E. A novel DEA model for solving performance measurement problems with flexible measures：an application to tehran stock exchange[J]. Measurement,2021,179：1-9.

[120] Jean-Marie, Grether, Nicole et al. Scale，technique and composition effects in manufacturing SO2 emissions[J]. Environmental and Resource Economics，2009(2).

[121] Kar S, Deb J. A Study of efficiency of microfinance institutions in India：a DEA approach[J]. The Microfinance Review,2018(1).

[122] Kılıç H,Kabak Ö,Kahraman C. Fuzzy ANP and DEA approaches for analyzing the human development and competitiveness relation[J]. Journal of Intelligent &Fuzzy Systems,2020(5)：1-15.

[123] Kim H,Lee H,Min A. Analysis of relative job performance efficiency of nurses in the neonatal intensive care unit[J]. Korea Journal of Hospital Management,2019(4).

[124] Ma Z. Research on the operating mechanism of technological innovation system of strategic emerging industries in China[C]. 2017 5th International Conference on Physical Education and Society Management (ICPESM 2017)，2017.

[125] Ozowicka A. Evaluation of the efficiency of sustainable development policy implementation in selected EU member States Using DEA. the ecological dimension[J]. Sustainability,2020(1)：1-17.

[126] Ru Q,Dong H,Li Z et al. Effectiveness of environmental management institutions in sustainable water resources management in the upper Hanjiang River basin[C]. E3S Web of Conferences,2021.